载人航天出版工程
总主编：周建平
总策划：邓宁丰

“十三五”国家重点出版物出版规划项目

面向载人月球及火星探测任务的原位资源利用技术

Use of Extraterrestrial Resources for Human Space Missions to Moon or Mars

［美］唐纳德·拉普（Donald Rapp） 著
果琳丽 郭世亮 张志贤
李志杰 李 民 等 译

中国宇航出版社
·北京·

Translation from the English language edition:
Use of Extraterrestrial Resources for Human Space Missions to Moon or Mars
by Donald Rapp

著作权合同登记号：图字：01－2018－2171 号

图书在版编目（CIP）数据

面向载人月球及火星探测任务的原位资源利用技术 / （美）唐纳德·拉普（Donald Rapp）著；果琳丽等译. --北京:中国宇航出版社，2018.4

书名原文：Use of Extraterrestrial Resources for Human Space Missions to Moon or Mars

ISBN 978-7-5159-1459-6

Ⅰ.①面… Ⅱ.①唐… ②果… Ⅲ.①外太空—资源利用 Ⅳ.①V11

中国版本图书馆 CIP 数据核字（2018）第 061967 号

责任编辑　彭晨光　　　　**封面设计**　宇星文化

出版发行	中国宇航出版社		
社　址	北京市阜成路 8 号	**邮　编**	100830
	(010)60286808		(010)68768548
网　址	www.caphbook.com		
经　销	新华书店		
发行部	(010)60286888		(010)68371900
	(010)60286887		(010)60286804(传真)
零售店	读者服务部		
	(010)68371105		
承　印	河北画中画印刷科技有限公司		
版　次	2018 年 4 月第 1 版		2018 年 4 月第 1 次印刷
规　格	880×1230	**开　本**	1/32
印　张	7.375	**字　数**	212 千字
书　号	ISBN 978-7-5159-1459-6		
定　价	148.00 元		

本书如有印装质量问题，可与发行部联系调换

《载人航天出版工程》总序

中国载人航天工程自1992年立项以来，已经走过了20多年的发展历程。经过载人航天工程全体研制人员的锐意创新、刻苦攻关、顽强拼搏，共发射了10艘神舟飞船和1个目标飞行器，完成了从无人飞行到载人飞行、从一人一天到多人多天、从舱内实验到出舱活动、从自动交会对接到人控交会对接、从单船飞行到组合体飞行等一系列技术跨越，拥有了可靠的载人天地往返运输的能力，实现了中华民族的千年飞天梦想，使中国成为世界上第三个独立掌握载人航天技术的国家。我国载人航天工程作为高科技领域最具代表性的科技实践活动之一，承载了中国人民期盼国家富强、民族复兴的伟大梦想，彰显了中华民族探索未知世界、发现科学真理的不懈追求，体现了不畏艰辛、大力协同的精神风貌。航天梦是中国梦的重要组成部分，载人航天事业的成就，充分展示了伟大的中国道路、中国精神、中国力量，坚定了全国各族人民实现中华民族伟大复兴中国梦的决心和信心。

载人航天工程是十分复杂的大系统工程，既有赖于国家的整体科学技术发展水平，也起到了影响、促进和推动着科学技术进步的重要作用。载人航天技术的发展，涉及系统工程管理，自动控制技术，计算机技术，动力技术，材料和结构技术，环控生保技术，通信、遥感及测控技术，以及天文学、物理学、化学、生命科学、力学、地球科学和空间科学等诸多科学技术领域。在我国综合国力不断增强的今天，载人航天工程对促进中国科学技术的发展起到了积极的推动作用，是中国建设创新型国家的标志性工程之一。

我国航天事业已经进入了承前启后、继往开来、加速发展的关键时期。我国载人航天工程已经完成了三步走战略的第一步和第二步第一阶段的研制和飞行任务，突破了载人天地往返、空间出舱和空间交会对接技术，建立了比较完善的载人航天研发技术体系，形成了完整配套的研制、生产、试验能力。现在，我们正在进行空间站工程的研制工作。2020年前后，我国将建造由20吨级舱段为基本模块构成的空间站，这将使我国载人航天工程进入一个新的发展阶段。建造具有中国特色和时代特征的中国空间站，和平开发和利用太空，为人类文明发展和进步做出新的贡献，是我们航天人肩负的责任和历史使命。要实现这一宏伟目标，无论是在科学技术方面，还是在工程组织方面，都对我们提出了新的挑战。

以图书为代表的文献资料既是载人航天工程的经验总结，也是后续任务研发的重要支撑。为了顺利实施这项国家重大科技工程，实现我国载人航天三步走的战略目标，我们必须充分总结实践成果，并充分借鉴国际同行的经验，形成具有系统性、前瞻性和实用性的，具有中国特色的理论与实践相结合的载人航天工程知识文献体系。

《载人航天出版工程》的编辑和出版就是要致力于建设这样的知识文献体系。书目的选择是在广泛听取参与我国载人航天工程的各专业领域的专家意见和建议的基础上确定的，其中专著内容涉及我国载人航天科研生产的最新技术成果，译著源于世界著名的出版机构，力图反映载人航天工程相关技术领域的当前水平和发展方向。

《载人航天出版工程》凝结了国内外载人航天专家学者的智慧和成果，具有较强的工程实用性和技术前瞻性，既可作为从事载人航天工程科研、生产、试验工作的参考用书，亦可供相关专业领域人员学习借鉴。期望这套丛书有助于载人航天工程的顺利实施，有利于中国航天事业的进一步发展，有益于航天科技领域的人才培养，为促进航天科技发展、建设创新型国家做出贡献。

周建平

2013年10月

译　序

千百年来，人类对未知世界的探索、对深邃神秘宇宙的探索从未停歇。在浩瀚无垠的宇宙中，人类是否是孤单的存在？人类是否只能是地球的生灵？人类对地外天体的探索是否只能停留在月球时代？带着这些疑问，中国人开展了载人航天工程和深空探测工程实践。经过多年的艰苦奋斗，2017 年我们完成了天舟一号和天宫二号的交会对接及在轨补加任务，实现了中国航天员 3 人乘组在轨 30 天的中期驻留目标，预计在 2022 年前后将建成中国首个空间站，保障航天员顺利执行长期在轨飞行任务；与此同时，中国月球探测工程取得显著进展，2018 年嫦娥四号月球探测器将在月球背面着陆，2019 年嫦娥五号月球探测器将完成月面采样返回任务，2020 年将发射火星探测器，预计最终于 2021 年 7 月降落火星表面，同时实现巡视探测和环绕探测两大功能。可以想象，在航天员长期在轨飞行和月球/火星探测积累的科学和工程技术基础上，中国人登陆月球及火星的日子还会远吗？

然而，人类登陆月球及以远的地外天体必然是个复杂的巨系统工程，涉及到行星科学、航天医学及航天工程能力建设等多方面的科学和技术知识，以我们现有的工程能力来看，载人深空探测任务的特点必然是系统规模大、技术风险多、任务成本高、研制周期长，因此，美俄等航天强国在重返月球、载人登陆火星的道路上一直表现出犹豫不决、摇摆不定的发展态势，这就更加要求我们必须在科学技术原理的基础上去寻求新突破，树立新思维及新观点。

原位资源利用（In Situ Resource Utilization，ISRU）技术是指

利用月球/火星上的大气、水冰、土壤、矿物等资源来制造人类长期生存所需的氧气、水、食物及推进剂等的技术，如果能够在月球/火星上制造出推进剂并对飞行器进行补给，或者原位制造出人类生存所需的生命保障物质，这将显著减少从地球发射时后勤补给物资的携带量，这项前瞻性、颠覆性技术无疑能显著改变载人深空探测的飞行模式，降低系统规模，减少任务成本。然而航天技术发展到今天，人类对地外资源的成功利用只有太阳能，那么这项前瞻性技术的价值和应用前景究竟怎样？能不能给未来的载人深空探测工程带来革命性的突破呢？

为此，我提议课题组翻译美国喷气推进实验室（JPL）的《面向载人月球及火星探测任务的原位资源利用技术》这本书。此书详细介绍了美国国家航空航天局（NASA）在 ISRU 实践中走过的曲折探索历程，包括对原位资源利用技术的价值探讨、月球/火星原位资源利用技术的原理方法和实验过程，并在结论中指出人类实现载人登陆火星必须突破 ISRU，并对实现 ISRU 的步骤给出建议。希望通过这本书的翻译和出版，能让我国年轻一代的科研人员充分借鉴国外的科学实践经验和教训，为中国载人深空探测任务带来新思想、新观点，并促使我国的工程技术人员更加注重基础研究和原理突破，占领科学技术的制高点。“以工程任务为经，技术基础为纬”，真正推动中国从航天大国走向航天强国。

本书的翻译力图忠实于原著，但原著中作者的观点我们并不完全赞同，例如在分析月球任务 ISRU 的价值时，将月球资源的探测费用一并计入。试想即使不发展 ISRU 技术，我们就会停止对月球资源的勘探吗？显而易见不会，人类迟早会离开地球这个摇篮移居到其他地外天体，而月球是最佳的技术试验场，就像本书中指出火星 ISRU 具有显著价值，那更需极早在月球上开展演练，才能确保载人火星探测任务的成功。因此关于 ISRU 技术的价值和效益，不应该仅以某次任务的净利润来评判，而应放到人类文明史发展的长河中来看。任何新技术的研发和前期使用通常都是亏损的，看不见效益的，例如重复使用飞行器中的航天飞机，但发展重复使用技术却是降低航天发射任务成本的必由之路。关于这一点还需要读者以批判性的思维来审视书中的观点。

感谢唐纳德·拉普博士的倾心力著，感谢斯普林格出版社授权翻译出版此书。由于时间仓促，本书翻译中的不妥之处在所难免，敬请同行批评指正！我愿意与大家同学习、共进步！

中国工程院院士

2017年12月

序

从人类进入太空最早的探险活动开始，有远见的人们已经在考虑如何开发利用地外资源，以便最终让人类文明从地球转移到太空成为可能。一篇重要的早期文献（Ash，Dowler and Varsi，1978）提出在火星上生产火星上升器所用的推进剂，因此原位生产推进剂（ISPP）这一术语被创造出来，并成为几十年来的研究重点。在火星上实现 ISPP 是利用地外天体资源最显而易见的选择，因为它不仅满足了重要的需求，而且相比其他大多数可能的技术更具可行性。

随着时间的推移，有远见的人们不局限于眼前，他们设想着将工业革命和电子革命带到其他行星上去。在其他星球上生产和制造金属物体，制造混凝土建筑块并组装成不同的房屋结构，用当地原料制成电子设备。因此，ISPP 变成一个过时的术语，并被 ISRU 所取代，后者比单纯的原位推进剂生产有着更广泛的应用。

罗伯特·祖布林（Robert Zubrin）是美国著名的火星技术专家，是探索火星的倡导者，也是火星协会（Mars Society）的创始人和总裁。他编写的《进入太空》（*Entering Space*）一书为人类在太空中的定居提供了一个令人深思的路线图。

罗伯特·祖布林考虑寻找“火星表面上过去生命的化石”，以及使用“钻井获取仍可维持火星生命的地下水”，他认为火星探险带来的灵感具有很大的社会价值。他同时提到：“去火星最重要的原因，就是它打开了通向未来之门。作为独特的太阳系的类地行星，火星拥有着不仅可以支持生命，还可以支持发展技术文明所需的所有资源，在火星上建立起我们的第一个立足之地后，将开启人类作为多星球物种的事业。”

有许多火星爱好者支持罗伯特·祖布林（火星协会的目标是“进一步探索和定居红色星球”）。十多年前，他们相信可以在十年内将人类送到火星，并开始长期定居。每年国际航天发展大会都会接待一些制定火星上长期定居详细计划的未来科学家，火星协会经常将火星定居点描述为“殖民化”历史中的下一步，并警告不要再犯与地球殖民过程中同样的错误，例如，火星协会的俄勒冈分会说：

“当定居点初步建立时，很可能会有几个小型村镇。随着时间的流逝，他们应该散布开。建设中的村镇越分散，他们发展自己文化的可能性就越大。起初，村镇将相互依赖，以共享资源，如食物、水、燃料和空气。一旦火星上建立了更加稳固的基础设施，就应该鼓励人们建立更多的独立村镇。在任何已经发生殖民或扩张的地方，一个不容忽视的重要事项就是法律，在火星上也需要某种形式的法律。从旧西方所采用的制度中，我们可以看到，无论谁执法，都很难完成它的工作。火星上的“治安官”必须是大多数人同意并值得信赖的人。他们不应该由当前对政治感兴趣的社会成员选出，因为这只会助长腐败。相反，应该允许某些志愿者的随机选择制度。对于法律本身，应该设立到位，从言论到隐私，保证每个人的所有基本权利。”

虽然这些热心人已经关注在火星上建立法律和秩序，并花时间为火星表面布局村镇，但这位谦逊的作家只关心安全的往返和费用是否负担得起。

ISRU 的预见是漫无止境的。富于想象力的建议充斥着各种未来主义系统。例如一种沿着月球或火星表面滚动的磨冰机车辆，吸收富含二氧化硅的浮土，将其实时加工成硅，并在车辆经过的路面上铺成绵延数英里的硅太阳能电池地毯。

美国国家航空航天局（NASA）并不是铁板一块的组织，其内部一个 ISRU 爱好者的骨干组织正在不断寻求获得 NASA 更大的支持，以进一步发展 ISRU。自 20 世纪 90 年代以来，爱好者们为 ISRU 的研发制定了精心的计划，包括生产更加基础的物质（用于推进剂生产、生命支持）以及更加雄心勃勃的物质（用于复杂零件和设备的原位加工与组装、原位制造和修理）。

NASA 的 ISRU 爱好者的做法似乎是基于这样一个观点：如果这个过程是利用地外资源而不是从地球带来的资源，那么这个过程本身就是值得的。虽然他们发表了许多报告、宣传文件和项目计划书，但我无法找到任何详细的经济分析的内容，将开发和实施 ISRU 以及勘探资源的成本与因 ISRU 节约的成本做比较。因此，他们所考虑使用的这些工序，在许多情况下，我认为是不切实际的，而且与实现成本相比没有什么回报。

为了对 NASA 的 ISRU 管理人员做到公平合理，必须指出的是 NASA 管理层的领导者多年来极度摇摆不定，导致其制定的方案和政策始于极大的狂欢，结束于毫无征兆[1]。预算升升降降，且难以实现年度连续性。NASA 的技术主题已经从“前所未有的”转变为“震撼世界的”“革命性的”“改变游戏规则的”[2]。它的重点一直是寻求令人难以置信的突破，因此，那些工程上用来改进实用系统的项目迟迟得不到资助，这反过来迫使远见者的关注超出近期可得的前景。值得注意的是项目经理往往会对此持谨慎观望态度，因此在项目计划中，ISRU 往往会被贬低为次要优先事项。在这种环境下，在出现新技术机遇的时候，NASA 的 ISRU 经理们都倾向于向 NASA 总部提出远远超过合理预期的资金水平，以期获得所要求的一小部分。然而不可避免地，长远的计划如此野心勃勃，以至于现实与计划

[1] 这让人注意到 NASA 项目的六个阶段：1）狂热；2）极大的期望；3）大规模的幻灭；4）追查有罪者；5）惩罚无辜者；6）非参与者的晋升。

[2] 结果是 NASA 技术发展规划经常被打乱，因为规则频繁发生变化。

之间的分歧变得越来越大。2005 年，NASA 的空间探索愿景（Vision for Space Exploration）公布时，ISRU 爱好者提出了以验证月球和火星上的 ISRU 为目标的全面机器人和载人先行者探测计划，均未获得资金资助，也没有任何理由相信他们会被资助。就像 ISRU 这样的计划，基本上都被认为是虚构和幻想的。当所有 NASA 部门转而执行登月任务时，有关火星 ISRU 的少量的工作也被取消了，新的资金仅用于月球 ISRU 研究。

不幸的是，任何形式的月球 ISRU 似乎都没有太大的经济意义。而且，实施月球 ISRU 所涉及的技术挑战是巨大的。至少在短时期内，没有一个月球 ISRU 计划具有实际的经济优势，相反地，从地球上提供资源却更好、更便宜、更简单。相比之下，某些形式的火星 ISRU 对载人登火星任务来说却有着后勤保障和经济效益上的优势。然而火星 ISRU 从未获得比最低限度更多的资金资助，过去七年中的资助金额基本为零，大量资金都投入到了月球 ISRU。

在本书中，回顾了可用于月球和火星 ISRU 的资源以及已经提出实施的技术；讨论了如何在载人任务中实施 ISRU，并且考虑在有限数据的情况下，对有 ISRU 和没有 ISRU 的任务进行了比较。正如人们所期待的，载人任务中最有可能且最具可行效益的 ISRU 是提供飞行器返回地球所需的上升器推进剂。不幸的是，在这方面月球任务却有很大的困难。从月壤中生产氧气的方法，没有一个在经济上是可行的，从月球阴影坑中提取水冰的方法也是不可行的，而且从月球阴影坑中探测水冰的成本过高。除了这些障碍之外，任务计划要求在月球上使用长期可贮存的供月球着陆器上升器用的推进剂，从而消除对氧气（ISRU 所生产）作为上升器推进剂的任何需求。如果这还不够，基于安全考虑，要求月球着陆器在下降时保留上升推进剂，以便在异常情况下回到“中止轨道”。然而，NASA 在过去几年中花费数千万美元，为月球上的 ISRU 研发了复杂的生产氧气的原型样机，但这些办法似乎并不划算。

在火星上使用ISRU生产推进剂可能会变得更可行更具经济效益，但是仍有很大的障碍需要克服。与月球不同，似乎确定的是可将氧气（也可能是甲烷）用于火星上升的过程中，确保采用ISRU在火星上生产的推进剂满足任务需求。火星上有两种潜在的资源：大气中的CO_2和近地表沉积物中的H_2O。已经提出了两种仅利用大气中的CO_2生产氧气的方案。固态电解在理论上很吸引人，但似乎具有不可逾越的技术挑战；所谓的逆水-气转化（Reverse Water-Gas Shift，RWGS）过程可能是有价值的。不幸的是，NASA在1997年资助祖布林及其同事们做出初步具有创新成果的研究之后，便对这项技术就不再感兴趣了，在之后的十五年不再提供资金，而是在不切实际的月球ISRU计划上花了数百万美元。

一个经过深入研究的实用的萨巴蒂尔-电解（Sabatier-Electrolysis）方法可以从CO_2和H_2中生产CH_4和O_2。在火星上实现RWGS的过程存在的问题是如何获得氢气。NASA的早期任务计划假设从地球带去氢，但似乎低估了这种技术的难度，更重要的是在火星上贮存氢是非常困难的。有迹象表明，火星上有大量近地表H_2O[3]，在近赤道也是如此。如果这些H_2O都是可以获取的，且可以提供大量的氢源，那么这种形式的火星ISRU的主要问题不是制备过程，而是近地表H_2O的探测，即需要做的是在从轨道上进行远距离近地表观测，使用中子质谱仪确认近地表含有H_2O的火星区域。这可能涉及火星气球、飞机或滑翔机、多个着陆器组网飞行或可以临时变轨到低轨的飞行器。这些技术在NASA的优先级列表中似乎都不高。

因此，我们得出以下结论：

[3] 我们在这里用H_2O而不用水来表示，是因为不知道H_2O是以水冰还是以矿物质水合物的形式存在。

1）没有一项月球 ISRU 在经济上是可行的；

2）火星 RWGS 过程可能是一个可行的选择，但 NASA 在初步成功的研究成果之后对这项技术不再提供资金支持，使得该项技术有很大不确定性；

3）如果可以提供氢源，火星 ISRU 的萨巴蒂尔电解过程在技术上和经济上都是可行的；从地球携带氢气并将其贮存在火星上是有问题的，而且对火星近地表 H_2O 的勘探需要较高的费用；

4）然而，火星近地表 H_2O 的勘探似乎是 ISRU 助力人类太空活动的最具成本效益和技术上最具可行性的方法；

5）NASA 研究中心有远见的人似乎是基于这样的假设在继续实践，那就是如果是 ISRU，那它一定是有价值的，因此他们继续追求具有学术价值但似乎没有实用价值的方法。

作者介绍

唐纳德·拉普在库伯联盟学院获得化学工程学士学位，1956 年获得普林斯顿大学化学工程硕士学位，1960 年 1 月获得伯克利大学化学物理学博士学位。多年来他从事化学物理学研究工作，著作颇丰。他任教于德克萨斯大学，1973 年成为教授（39 岁）。在德克萨斯大学，他出版了关于量子力学、分析力学以及太阳能的教材。1979 年进入加州理工大学喷气推进实验室（JPL），成为动力学与化学系统处（有员工 700 人，其中博士 100 人）的首席技术专家（高级技术人员）。在喷气推进实验室，他是探索新技术的先锋，是发起起源发现计划（Genesis Discovery Project）的项目主管，这项计划的目的是将太阳风的样本运回地球。他的提案在 25 名竞争者中脱颖而出，在“发现 5”（Discovery 5）比赛中赢得了 2.2 亿美元的资助。起源发现计划实施于 2001—2004 年间。1998 年，他在 OMEGA MIDEX 计划（1.39 亿美元）中扮演了关键角色。随后，他成为深度撞击计划（Deep Impact Discovery）的项目主管。这项计划的目的是用弹射物去撞击彗星以便对其内部进行研究，为喷气推进实验室带来了 3.2 亿美元的经费。深度撞击计划于 2005 年取得了举世瞩目的成就。他曾是火星探索技术项目的总负责人，同时也是该项目中原位生产推进剂（ISPP）任务的负责人。他完成了一份关于将火星资源转变成用于返回地球的推进剂的具有里程碑意义的报告。2001 年，他完成了《火星技术方案报告》。

在 2001—2002 年间，他在 NASA 工作期间对能量转化技术、能量贮存、光电能量转化技术的评估方面做出杰出贡献。他还领导了喷气推进实验室完成了关于火星任务中利用地外资源设想的研究工作。2002年，他完成了《NASA空间科学技术蓝图报告》（*NASA office of Space Science Technology Blueprint for Harley Thronson, NASA Technology Director*），这是一份长达100页的关于未来任务中所需技术的评估报告。

2003—2006年间，他在NASA总部修订和完善了这份技术蓝图报告。

2004年，他担任火星科学实验室探地雷达项目的主管；2004—2006年间，他致力于载人火星和月球探测任务的研究。以这段工作经历为背景，他完成了《载人火星探测任务》（*Human Missions to Mars*）这部著作，2007年由斯普林格（Springer Praxis）出版社出版，这是一部520页并包含200多幅插图的巨著。

几十年间，他是喷气推进实验室ISRU技术的领导者。在这个岗位上，他领导实施了许多研究实验和分析工作，并在20世纪80年代、90年代和新世纪伊始的这二三十年间，将这些工作汇集成多份报告和出版物。上述这些工作为本书奠定了基础。

荣誉

- 发表的两篇文章以超过500次引用而成为经典引文；
- 《化学物理学报》《物理评论》《美国物理学报》《物理化学学报》的审稿专家，以及其他期刊超过300篇文章的审稿人；
- 《今日物理》和其他期刊的评论专家；
- 一篇文章因超过370次引用而被评选为“经典引文”；
- 入选《西方名人录》；
- 入选《科学技术前沿名人录》；
- 入选《美国名人录》；
- 入选《成就之人》；
- 入选《国际当代成就名人录》；

• 入选《国际专家名人录》；

• 入选《美洲人物》；

• 入选《当代科技名人录》；

• 入选《科技名人录》；

• 入选《加利福尼亚州名人录》；

• 入选《专家名人录》；

• 入选《两千著名美国人》；

• 入选《国际传记词典》；

• 入选《斯特拉斯莫尔名人录》；

• 2002 年 10 月荣获 NASA 特殊贡献奖；

• 2006 年至今，担任《火星日报》杂志副主编。

出版著作

• 《量子力学》(*Quantum Mechanics*)，672 页，1971，霍尔特·莱因哈特·温斯顿出版社；

• 《统计力学》(*Statistical Mechanics*)，330 页，1972，霍尔特·莱因哈特·温斯顿出版社，1977 年被翻译成日语，2012 年修订后再版，亚马逊书店上架；

• 《太阳能》(*Solar Energy*)，516 页，1981，普林蒂斯霍尔出版社；

• 《载人火星探测任务——探索红色星球的使能技术》(*Human Missions to Mars: Enabling Technologies for Exploring the Red Planet*)，552 页，精装，16 页彩色插图，2007.10；

• 《气候变化评估——温度、太阳辐射和热平衡》(*Assessing Climate Change: Temperatures, Solar Radiation and Heat Balance*)，丛书：环境科学领域的实践书籍，斯普林格出版社，410 页，130 幅图表，精装，2008.02，2010 年再版；

• 《气候辩论》(*Climate Debate*)，亚马逊书店上架；

- 《冰期和间冰期》(*Ice Ages and Interglacials*)，丛书：环境科学领域的实践书籍，斯普林格出版社，263 页，精装，2009，2012 年再版。

缩略词

3M	Minnesota Mining & Manufacturing Co.	明尼苏达矿业制造公司
ALS	Advanced Life Support	高级生命保障项目
ARES	Aerial Regional - scale Environmental Survey	航空区域尺度环境调查
ATO	Abort To Orbit	中止轨道
CEV	Crew Exploration Vehicle	乘员探索飞行器
DRM	Design Reference Mission	参考设计任务
ECLSS	Environmental Control and Life Support System	环境控制与生命保障系统
EDL	Entry, Descent, and Landing	进入、下降与着陆
ERV	Earth Return Vehicle	地球返回舱
ESAS	*Exploration Systems Architecture Study*	《探索系统体系结构研究》
ESM	Equivalent System Mass	等效系统质量
EVA	ExtraVehicular Activity	出舱活动
GEO	GEO stationary orbit	地球同步静止轨道
HQ	Head Quarters	指挥部
IMLEO	Initial Mass in LEO	近地轨道初始总质量

ISPP	*In Situ* Propellant Production	原位生产推进剂
ISRU	*In Situ* Resource Utilization	原位资源利用
ISS	International Space Station	国际空间站
JAMIC	Japan MIcrogravity Center	日本微重力研究中心
JPL	Jet Propulsion Laboratory	喷气推进实验室
JSC	Johnson Space Center	约翰逊航天中心
LCH_4	Liquid methane	液态甲烷
LCROSS	Lunar Crater Observation and Sensing Satellite	月球撞击坑观测与遥感卫星
LEO	Low Earth Orbit	近地轨道
LH_2	Liquid hydrogen	液氢
LL1	Lagrange Point 1	拉格朗日 L1 点
LLO	Low Lunar Orbit	近月轨道
LLT	LL1 - to - LEO Tanker	从 L1 点到近地轨道的货运飞船
LMA	Lockheed Martin Astronautics	洛克希德·马丁航天公司
LOX	Liquid oxygen	液氧
LSAM	Lunar Surface Access Module	月球着陆器
LSM	Lanthanum Strontium Manganite	镧锶锰氧化物
LSS	Life Support System	生命支持系统
MAAC	Mars Atmosphere Acquisition Compressor	火星大气吸附压气机

MAV	Mars Ascent Vehicle	火星上升器
MEP	Mars Exploration Program	火星探索项目
MIP	Mars *In Situ* Propellant Production Precursor	火星原位推进剂制造原型样机
MIT	Massachusetts Institute of Technology	麻省理工学院
MLI	MultiLayer Insulation	多层隔热组件
MMH	Mono-methyl hydrazine	单甲基肼
MOFR	Minimum Operating Flow Rate	最小工作流速
MPLO	Martian PayLoad Orbit	火星轨道有效载荷
NASA	National Aeronautics and Space Administration	美国国家航空航天局
NASP	National AeroSpace Plane	国家宇航规划
NTO	Nitrogen tetroxide	四氧化二氮
NTP	Nuclear Thermal Propulsion	核热推进
NTR	Nuclear Thermal Rocket	核热火箭
OExP	Office of ExPloration	探索任务办公室
ORU	Orbital Replacement Unit	可更换单元
PEM	Proton Exchange Membrane	质子交换膜
PUMPP	Propulsive Utilization of Mars Produced Propellants	火星生产的推进剂的推进利用
RCS	Reaction Control System	反应控制系统
RTG	Radioisotope Thermal Generator	放射性同位素电源

RWGS	Reverse Water Gas Shift	逆水-气转化
S/E	Sabatier/Electrolysis	萨巴蒂尔/电解
SAE	Society of Automotive Engineers	汽车工程师协会
SCCM	Standard cubic centimeters per minute	标准立方厘米/每分钟
SCIM	Sample Collection for Investigation of Mars	火星勘查样本收集
SLH	Slush hydrogen	氢浆
SM	Service Module	服务舱
SOFC	Solid Oxide Fuel Cell	固体氧化物燃料电池
SS	Space Shuttle	航天飞机
SSEC	Solid State Eletrolysis Cell	固态电解电池
TMI	Trans Mars injection	火星入轨级
TPH	Triple Point Hydrogen	三点氢
TPS	Thermal Protection System	热防护系统
WAVAR	Water Vapor Adsorption Reactor	水蒸气吸附反应器
YSZ	Yttria - Stabilized Zirconia	氧化钇-稳定二氧化锆
ZBO	Zero Boil - Off	零蒸发量

目　录

第 1 章　ISRU 的价值

在开始讨论 ISRU 技术之前，很有必要问一下："它的价值是什么"?

1.1　NASA 载人任务研究与 ISRU

ISRU 对于月球及火星等空间探测任务而言，是一种把地外天体的当地资源转换为空间任务所需各种产品的途径。通过利用地外天体的原位资源，从地球运送到目的地的必需物质的质量可大大减少，从而显著降低空间任务的成本。在某种程度上来说，空间任务的成本取决于运送到地外天体着陆点的物质质量；因此 ISRU 从空间任务设计上来说可以节省任务成本。然而，任务成本远比只是评估从地球运送来的物质质量更加复杂和多样化。更进一步来说，使用 ISRU 会给任务带来诸如风险与复杂性等其他问题。因此，评估 ISRU 对于空间任务的价值并不是一件简单的事情。

ISRU 宣称的典型假设是任何形式的 ISRU 都是有益的，就像独立宣言中描述的："我们掌握可以自证的真理……"，他们掩饰 ISRU 对空间任务价值的问题，同时立刻推理到如何能快速实施 ISRU。如果 ISRU 系统的自身质量低于能够生产出产品的质量，这就获得了初步的证据，是值得投资的。一些 NASA 的文件天真地提到"依靠土地为生"；更多的 NASA 文件提及 ISRU 时，不会去讨论实施 ISRU 的成本与获得好处的比值。他们一头扎进 ISRU 中，而假设这些技术的价值是能够自证的。然而，很多这样的方案看起来都是不切实际的、昂贵的、有风险的，甚至是不可行的。

产生这种情况的原因之一是很难确定未来太空任务的具体细节。

理想情况下，人们会评估一项未来的太空任务采用或者不采用 ISRU 的经济成本、任务复杂性、风险以及其他准则并进行比较。

总体来说，ISRU 对于机器人探索任务来说潜在的好处是有限的。在过去的 20 年中，美国国家航空航天局喷气推进实验室（JPL/NASA）的火星探索项目（MEP）一直坚定地反对将 ISRU 应用到无人火星采样返回任务中，并且没有在 ISRU 研发上投入任何资金。事实上，20 世纪 90 年代 JPL/ MEP 以缺乏相关性为由取消了一个小型火星 ISRU 项目，从那以后在 ISRU 上的投入几乎是零。

得益于载人任务的较大规模，ISRU 在载人任务中提供的潜在好处远远大于其在机器人探索任务的表现。但是，具体在未来载人登陆月球及火星任务中如何兑现潜在好处的细节仍是多变的和不确定的。美国阿波罗（Apollo）计划取得人类首次登陆月球的巨大成功之后，NASA 在接下来的四十年里始终在寻找载人航天任务的实际应用价值，但未能如愿。航天飞机是送人类进入近地轨道（LEO）的一种手段，但对于载人登陆 LEO 以远的目的地却无任何帮助。空间站被证实是非常昂贵的，而且 NASA 从来没有下决心有效地使用它。2005 年 NASA 决定重返月球之后，组建了一个工作组，希望在接下来的三年时间里论证为什么要把人类送上月球，但是没有获得任何令人信服的答案。

评估 ISRU 在载人登陆月球或者火星任务中的潜在好处，也因这些任务的实施细节尚未明确而被拖延了。然而，在 1988 — 2010 年之间，NASA 开展了大量有关载人登陆月球及火星任务需求及技术途径的学术研究，并出版了拉普文集（Rapp，2007），它们包括：

- 《探索任务办公室研究论文集》（1988）；
- 《探索任务办公室研究论文集》（1989）；
- 《NASA 90 天任务研究》（1989）；
- 《处于新起点的美国——综合群体》（1991）；
- 《第一个月球前哨站》（1993）；
- 《载人重返月球》（1996）；

- 《火星探索参考设计任务》(1994 — 1999);
- 《十年计划团队/NASA 探索团队》(2000 — 2002);
- 《综合空间规划》(2002 — 2003);
- 《太空探索的未来》(2004 — 2005);
- 《探测系统体系结构研究—ESAS》(2005 — 2006);
- 《星座计划》(2006 — 2010);
- 《火星探索参考设计任务再版》(2006)。

有一句老话“戒烟虽易，成功实难”。这句话同样适用于 NASA 的载人月球和火星登陆计划。有一个问题阻碍了所有的研究，那就是重返月球是载人登陆火星的跳板，还是仅以“过来人”的心态，直接规划了更加野心勃勃的载人登陆火星任务？NASA 在过去的三十多年时间里，始终对此摇摆不定。ISRU 在这些研究中的地位也随着时间的推移经历了大起大落（大部分在 2004 年之前几近衰落）。

1989 年探索任务办公室（OExP）研究的结论为：“原位资源：原位利用资源减少了维持月球前哨站所必需的地球补给需求，并帮助发展不依赖地球自主运行的基地。”然而，似乎没有任何有意义的任务分析来支撑这个观点。

火星探索参考设计任务（1994 — 1999）（尤其是 DRM - 1 和 DRM - 3）系统地研究了假设载人登陆火星任务的具体演绎计划，评估了不同飞行器和载荷质量，总体刻画和描述了这些任务。在 1990 年中期执行的被命名为 DRM - 1 的约翰逊航天中心（JSC）火星任务研究，与之后那些试图证明载人登陆火星是可负担得起的销售文件 JSC/DRMs 不同，DRM - 1 认真分析并明确了载人登陆火星任务的需求和所面临的挑战。DRM - 1 中利用 ISRU 技术和设备生产火星上升器的推进剂和一些生命支持用品，使用从地球带来的 H_2 与火星大气中的 CO_2 进行化学反应，制造从火星表面起飞所需的推进剂。ISRU 的设备、核反应电力系统，以及火星上升器将比登陆火星的航天员提早 26 个月被发射到火星表面。在此期间，ISRU 系统将有条不紊、持续不断地将载人火星上升器贮箱加满推进剂，以便确保来自地球的航天员能从火星表面安全返回。然而，报告中缺少关于运输质量约5 t 的氢气到达火星表面，以及原地存贮（参见附录 F）的需求及其面临的难度的讨论。ISRU 是载人火星探测任务中的一部分，但也并没有使用或者不使用 ISRU 的替代任务体系的对比讨论。JSC 在 1997 年提出的 DRM－3 任务被认为是 DRM－1 任务的改良版。关于 DRM－1 的担忧主要集中在它的发射系统，即需要一个巨大的、还未研发的运载火箭把载人登陆火星探测任务所需的各个航天器放置到 LEO 轨道上。在 DRM－1 任务中提出运载火箭近地轨道运载能力达到 240 t，才能满足载人登陆火星任务的需求。设计如此巨大的运载火箭将增加包括研发费用、新的发射设施等多项费用，同时运载火箭巨大的物理尺寸自身就是实施DRM－1 任务的潜在限制因素。因此，在 DRM－3 中提出需要努力减少每次发射任务的质量和体积规模。一方面需要减少发射次数以降低地面发射成本，另一方面需要限制因 LEO 轨道多次交会对接带来的额外操作的复杂性，这两者需要折中考虑。为了减少对运载火箭的外形尺寸规模的要求，必须对运送到火星的有效载荷的物理尺寸和质量规模进行一次重要的检查。这次修正的目标是将每次发射的载荷质量降低至约 160 t，同时也可以将有效载荷分成 2 个较小的部分（约 80 t），可以用运载能力约为 80 t 的运载火箭多次发射，而不是用一个约 240 t 的火箭单次发射。这两个约 80 t 的载荷模块可以在 LEO 轨道上进行组装，从而形成一个 160 t 的有效载荷。在 DRM－3 的研究中宣称，ISRU 能够生产足够的水和氧气，以满足全部的火星表面任务并使其“开环运行”，但这个观点经不起推敲。

另外，20 世纪 90 年代，在 NASA 团队之外还有两个团队也开展了载人登陆火星任务研究。一个是罗伯特 · 祖布林（Robert Zubrin）和他的合作者提出的“火星直达”任务，另一个是 1998 年 JPL 的詹姆斯 · 伯克（James Burke）领导研究的“火星社会”任务，拉普在 2007 年增加了任务概念的更多细节研究。这些研究都没有在返回地球的交会对接点上使用载满推进剂的航天器。相反，从火星返回是指从火星表面直接返回到地球，这个模式相比环绕火星轨道交会对接的模式，需要在火星表面生产更多的推进剂。

在这些概念性的任务中，ISRU 大约可以制造出 100 t 的推进剂，如果完成环绕火星轨道的交会对接和返回任务，大约需要 40 t 上升用的推进剂，这样他们最大程度地利用了 ISRU。如果这些任务计划付诸实现，ISRU 将扮演一个非常重要的角色。然而，NASA 并没有实施火星直接返回任务计划的意图。

2004 年 1 月 14 日，布什总统宣布了一项新的太空探索计划（VSE）。为了落实该计划，NASA 在 2004 年 1 月成立了探索任务执行委员会（ESMD），为了更好地理解政府对 VSE 的需求并清理任务执行的必需条件，委员会在 2004 年编制了一项正式的需求分析过程。其中包括了需求的定义、勘探体系、系统发展、技术路线，以及执行 VSE 的风险评估。NASA 打算通过这份报告，提供一份针对 LEO 轨道之外人类深空探测活动的需求分析。此外，这些分析试图识别出系统“驱动力”（也就是重要资源的消耗、实施、风险和时间上的变量，以及其他需要发展的技术领域）。

在 NASA 范围内，一场制定路线图发展规划的行动开始了，所有的规划都分为战略规划和能力规划，大约 26 个独立团队开始编制不同的战略和能力需求项目。每个团队都在没有指导和限制的前提下公平竞争，团队之间也几乎没有交流。提倡使用 ISRU 的团队准备了一项研发 ISRU 的计划，并预言在实施这项技术上要花费很多，但是这与合理发展是背道而驰的。很多团队的计划里，路线规划被不明智地分割成很多冗长的时间碎片来达到各种各样技术攻关的目的，当然其中也包括一些有用的内容。然而，这一行动未能为发展所需的能力、现场验证的能力制定出一个行之有效的规划，从而进一步推动实施载人深空探测任务。简而言之，这对初次试水的路线规划任务简直是场灾难。在路线规划任务实施的同时，为了支持载人任务，NASA 仓促地投入了前所未有的巨额资金，来响应 VSE 任务中的先进技术发展计划，并将探月任务提升到重中之重。而与此同时，排在第二位的火星任务就显得不那么重要。NASA 此前从未在如此短的时间内为下属科研中心投入如此多的新技术资金。然而，这项计划因为有很多重要细节的遗漏而被切割得四分五裂，现在回想起来，当时包含了很多不切合实际的内容。

尽管 NASA 在 2004 — 2005 年间所实施的计划并没为搭建后期体系构架提供可用的信息，但它的确传达出一种明确的信息：艰巨的探月任务将会占用我们大量时间，而总统宣布的做为目前首要目标的载人火星探测计划，实际上不得不被暂时搁置。2005 年春，米哈伊尔·格里芬（Michael Griffin）作为 NASA 的新任掌舵人，迅速宣布了他们过去一年的努力实质上是付之东流。新官上任三把火，第一步，他在 NASA 成立了以约翰逊航天中心（JSC）为主导的研发团队，致力于月球探测任务规划和利用最少的新技术来制造运载火箭；第二步，砍掉了 2004 年签订的大部分高新技术协议（除了和格里芬（Griffin）私下有利益关系的少许协议外）；最后他感激这 26 个团队的艰辛工作并解散了他们，把他们的报告束之高阁。

米哈伊尔·格里芬（Michael Griffin）召集了他所熟知的一群技术精英（一些人认为就是他的幕僚），组建了一支共同协作的队伍，来规划未来载人探测任务的优先级和技术需求。这个号称“大干 60 天”的队伍组建就花费了超过 60 天的时间，甚至花费了更长的时间来解散他们（通过 NASA 不为人知的计时方式）——也许是因为如果他们毫无杂念地完成自己的工作，他们就会发现载人探测任务远比想象中复杂得多、艰难得多，有非常多的东西需要面对，而且花费要远远超过之前所预计的。他们编写的报告被称为《探测系统体系结构研究》，即 ESAS 报告。

在 NASA 的探测计划中对 ISRU 的态度两级分化严重，导致人们常常误入歧途。一方面，NASA 任务规划者看似将未来的 ISRU 称作“长期载人探测任务的保障”，其实是在暗示载人探测任务的初期是不准备配备 ISRU 的，月球任务规划者也仅仅将 ISRU 视为一系列探月任务中后期使用的锦上添花的项目，他们对于火星任务的态度尚不明朗，但最近发布的信息表明，早期火星任务中也不会使用 ISRU。而且他们在 ESAS 报告中宣称不会允许 ISRU 应用于火星任务，因为火星上升器将不会比航天员乘组提前 26 个月抵达。另外一方面，NASA 中 ISRU 的热衷者继续提倡在月球任务中使用的 ISRU，但有很强的不确定性，例如从表岩层中提取氧，提取易燃易爆的氢/甲烷，而且提取的过程需要极高温度。对 ISRU 的设想，远超过目前制造上升器推进剂和生命保障系统的消耗品的明确需求。此外还有一些不靠谱的想法，例如在地外天体中进行工业和电子产业革命，或者是将太阳能通过月球吸收发电再传输到地球上来。与此同时，由于火星近地表下有大量水资源，ISRU 在火星任务中比在月球任务中更有用武之地，然而 NASA 似乎没有开发这些资源的意图以及最终敲定探测火星的计划。

NASA 在 ESAS 报告中指出，探月计划可以作为探火计划的垫脚石。报告中用了 62 次“延伸性”或者“可延伸的”之类词语（主要是关于挑选可用于探月计划也可用于探火任务的技术上）。在这些技术中，ISRU 是非常重要的一项组成部分，报告中提及了 106 次 ISRU，以下是一些节选：

• ESAS 的构架中，探月任务包括了两项主要目的：一是发展和展示人类探测火星的能力，二是开展月球科学研究。ISRU 是这些科学手段和研发能力的综合体，对 ISRU 特定的需求，还要等待月球采集机器人确定月球表面资源的情况后再进行调整，但是 ISRU 在缩短任务筹备和任务完成时间方面的优势是非常振奋人心的。（评论：这段陈述含蓄地表明了一些还未被证实的观念：1）载人探月任务将会证实载人火星探测任务的可行性；2）ISRU 的优势在几乎所有任务中都是振奋人心的。这些观点都不是完全正确的。）

• “定居”范畴的 ISRU 将会支持长期载人深空探测任务的需求。（评论：这番陈述如果在时间足够长的条件下可能是正确的。大约 22 世纪之后的任务可能会证实，但是和 21 世纪中叶的载人深空探测任务看起来关系不大。)

• 月球登陆车的推进系统应该与 ISRU 生产推进剂的设备相适应，和乘员探索飞行器（CEV）的服务舱（SM）的推进系统可以共用。(评论：星座计划的设计者们决定使用来自月球制造的在轨可贮存上升器推进剂，ISRU 制造的氧气无法用于月球探测器的推进系统中。)

• CEV 的移动和升降控制主要来自于 SM 的推力，这个推进系统使用 LOX 和液态甲烷（LCH_4）作为推进剂。这种推进剂的组合的优点是比冲高、体积密度高、在轨贮存便利、无毒，可与月球着陆器 LASM 相适应，并且可以延伸到 ISRU 和火星任务应用中。(评论：像我们指出的那样，多年后，星座计划载人探测任务的设计者决定使用月球制造的在轨可贮存的上升推进剂，ISRU 制造的液氧无法用在月球探测器的推进系统中。)

尽管在计划早期就明确提出，上升器推进剂的选择更倾向于可贮存式推进剂（NTO/MMH），这在近一两年被证实，从而排除了使用液氧推进剂的可能性。既然 ISRU 是制造液氧的方法，那也就无法提供上升器推进剂了。此外从确保航天员安全的角度出发，月球着陆器要有载满上升器推进剂的能力（月球下降过程中，一旦出现意外时可以应急起飞，随时终止着陆任务），因此就算将液氧作为上升器推进剂的原料，在月球上也没有制造液氧给月球上升器补给推进剂的需求。

因此在相当长的一段时间内，NASA 一直根深蒂固地认为 ISRU 是载人月球/火星探测任务中的重中之重，然而 NASA 管理层缺少不带偏见地对使用 ISRU 和不使用 ISRU 的任务优势进行评估，唯一的对比评估是拉普（Rapp，2007）中的在没有依靠 NASA 基金支持下进行的研究成果。最新的 NASA 载人火星探测任务中的计划发布于 2009 年（DRM－5；Sanders，2012），我们将在 2.6.1 节中进行讨论。

1.2　ISRU 对 IMLEO 的影响

正如上文提到过的，在对比各种空间探测任务时，近地轨道初始质量（IMLEO）是一项非常重要的考虑因素。某种程度上，一次载人航天任务的花费与其 IMLEO 是成正比的，因为 IMLEO 决定了运载火箭的外形尺寸、结构形式以及推进剂的加注质量，这其中推进剂占了大部分。

一般来说，在缺少其他详尽信息的情况下，我们都用 IMLEO 来衡量发射任务的规模和成本。火星任务的策划者们非常关心 IMLEO，以及在运送航天器离开近地轨道去火星时，发射的必需物质在这一系列过程中可能会产生的问题。根据这个观点，如果以下这一比值 R 较大，那么 ISRU 将非常有价值

$$R=\frac{\text{ISRU 提供给任务的产品质量}}{\text{ISRU 系统从地球发射入轨的质量}}$$

因此如果要确保 ISRU 获得净利润，其系统总质量（即系统设备质量、驱动该系统工作的能源和所有从地球发射入轨的物质质量之和）必须小于任务中产出和使用的产品质量[1]。如果 R 值远大于 1，那么比较两个类似任务的 IMLEO，一个使用 ISRU 而另一个不使用，就会发现使用 ISRU 任务的 IMLEO 会比较小，这个例子很好地体现 ISRU 的价值。然而，ISRU 任务与非 ISRU 任务很可能有着不同的发射弹道、空间轨道和其他任务特性，这正好可以引出 ISRU 任务和非 ISRU 任务除了质量方面的其他不同点。当我们权衡 ISRU 与非 ISRU 任务时，应该考虑到内在的复杂性、风险性以及时间基线。除此之外，长远来看，除 IMLEO 外的其他一切投资都应该列入 ISRU 与非 ISRU 任务的比较范围。就这个观点而言，ISRU 的投资包括：1）定位并证实原位资源的可利用性；2）探测和展示原位

1　如果用于 ISRU 和支持人类基地的电源系统质量相同，那么电源系统的质量可以排除。

资源的可开发性；3）完善在原地将原位资源转换为可用产品的生产工艺；4）维持 ISRU 系统在轨工作的额外运营费用；5）使用 ISRU 需要的其他费用（例如核动力系统或表面牵引系统）。利用 ISRU 可节省的潜在费用，本质上为利用 ISRU 系统优势可减少的数次发射所节省下来的 IMLEO 费用。如果这部分可节省的费用比开发和实施 ISRU 所需要的经费多，那么 ISRU 对于一项任务或一系列相关的任务来说，是有净利润的。如果仅仅对比 ISRU 系统质量和 ISRU 产出质量，那么我们的选择就会失之偏颇。NASA 已经考虑在一些开始未使用而后应用 ISRU 的飞行任务中重新增加载人深空探测任务作为亮点。这样将会使 IRSU 的获益大打折扣，因为这时发射弹道、空间轨道和运载火箭尺寸的选择将不再考虑 ISRU 的获益。

短期内（未来的 40 年左右），用于支持载人深空探测任务的 ISRU 产品主要包括以下方面：

• 推进剂：返回时进行一小部分的补加；通过在轨加注来减少从地球携带的推进剂和其他物质。

• 生命支持消耗品（大部分是氧气和水）：表面上看来，通过 ISRU 可以提供生保循环系统通常所需的消耗品，可能会替代循环系统的工作或缩小规模。或者说，ISRU 至少可为生保循环系统提供有力的支援和保障。

除此之外，原则上讲，堆积的表岩层可以作为基地的辐射掩体。然而，NASA 有关基地的设计是否允许表岩层作为辐射掩体还尚不清楚。目前现有的月球和火星探测基地方案中，还未有将表岩层作为辐射掩体的设计方案。

从长远来看，随着工业和电子革命从地球转移到地外星体，将很可能生产出大量的物品。NASA 的 ISRU 热衷者们常常从眼前的障碍中挣脱出来，畅想着光明遥远的未来。不幸的是，想要建立这样一个终极的乌托邦，我们面前的道路是曲折的。

因此，我们可以预估各种 ISRU 在载人月球/火星探测任务中对 IMLEO 起到的潜在贡献，仅仅包括推进剂和生命支持消耗品就可以了。在可能的情况下，也可以预估寻找资源、开发和验证 ISRU 以及实施 ISRU 系统所需的费用。

1.3　月球 ISRU 的成本效益分析

1.3.1　月球上升器推进剂

在最初的 ESAS 构架中，月球基地是建设在月球南极点附近的，这样可提供源源不断的太阳能供给（到火山口的边缘），比起赤道区有一个更好的热环境，火山口阴影区附近还可以开发水冰资源。计划中每年有 2 组乘组人员到达基地，每次消耗 8 t 氧化剂，这样一年下来大约需要 16 t 的氧化剂。假设在太阳照射不到的月岩缝隙里，存在着可开采的冰冻水，那么便可应用于 ISRU。对使用何种燃料和氧化剂共同燃烧尚不确定，如果是甲烷的话，那就要从地球携带；如果是氢，那么可从极地水冰中提取出来（而不是月壤）。既然到月球的质量传递比（指从近地轨道运送单位质量物体到其他星球表面的质量比值）[2] 接近 4∶1，那么每次近地轨道发射可节约 32 t 的潜在质量。然而，在多轮方案设计的竞争中，我们对 ISRU 在任务中发挥作用的认识实在太晚了，因此在载人探测器的方案设计中并没有考虑使用 ISRU。正因为如此，如果我们要在探月任务中使用 ISRU，相当于在每次发射任务中需额外携带另一部分有效载荷（8 t）到基地，这部分质量如果在没有使用 ISRU 时是由上升器推进剂占用了。我们粗略统计，使用 ISRU 后这额外增加的 8 t 有效载荷的节省费用，1996 年，Eckart 给出了运送 1kg 物品到近地轨道的预算约 10 000 美元，而以 1996 年的经济水平来计算，运送 1 kg 物品到月球表面的费用约为 50 000～100 000 美元。重型运载火箭大约能运送 128 t 有效载荷到近地轨道，能运送约 32 t 有效载荷到月球基地。

---

[2] 一般来说，将有效载荷从位置 1 传送到位置 2 的质量传递比是位置 1 的总质量（包括有效载荷、推进系统和推进剂）与传送到位置 2 的有效载荷的质量比值。

因此我们可以猜想，以 2012 年的经济水平，运输费用如果达到 13 亿美元，也就是说每千克物质运送至月球应该需要 4 万美元。但运输费用真的像 13 亿美元那样便宜吗？谁知道呢？不论如何，每次发射 8 t 的上升推进剂的价值可以粗略地估计为 8 000 kg×40 000 美元/kg＝3.2 亿美元，而这 8 t 推进剂的质量可以换算成携带到月球的必需品质量。在大约 4 年的时间里，8 次发射，总共可以节约 20 多亿美元。然而，如果 NASA 采用非氧类燃料（如 NTO/MMH）作为上升器推进剂的话，这种优势就不存在了。另外，如果下降过程仍保留“中止着陆”的应急上升模式的功能，那么在下降着陆过程必须携带着上升器推进剂，ISRU 就不能为上升器提供推进剂了，这种优势也就不存在了。

我们对比了月球基地使用和不使用 ISRU 的费用，基本假设前提如下：

• 各种月球探测器的开发费用都是 NASA 负担的，并且不考虑使用 ISRU 或非 ISRU 的对比；

• 各种月球探测器都可用于月球基地的地月运输和往返；

• 月球基地运营 4 年中，每年需轮换 2 批乘组人员；

• 每年花费 10 亿美元，建造一艘可向月球表面运送 32 t 基础设施的货运着陆器；

• 无论是否使用 ISRU，上升器推进剂都采用液氧-甲烷推进剂；

• 从月球表面上升至环月轨道需要 8 t 液氧推进剂；

• 货运着陆器的质量传递比（发射至近地轨道的质量/着月有效载荷的质量）约为 4；

• 每年 2 次运送 8 t 重的月球上升器推进剂到月球表面将会抵消月球 ISRU 的优势。

月球 ISRU 的价值并非显而易见，不论这项技术是否得以在月球基地任务中应用，每年都会有 2 组乘员往返月球进行轮换，同样飞行器也不会因是否使用 ISRU 而有所不同。唯一不同的是，如果使用 ISRU，月球着陆器（LSAM）可以携带空的上升级氧化剂贮箱着陆。简而言之，如果采用 ISRU，那么在每次乘员运输任务中可以额外运送 8 t 的有效载荷（每年 2 次就是 16 t）到月面。然而，为了维持氧化剂贮箱内部的低温环境，我们必须在贮箱里留存一些液氧(可能比没有使用 ISRU 的方案蒸发掉的液氧量还要多)。基于以上假设，周期性地（可能每年一次）运送货物到月球表面，那么这些增加的有效载荷将产生价值。一艘货运着陆器大约能向月球表面运送 32 t 的质量，它的低地球轨道的初始质量约为 4×32＝128 t。那么在使用 ISRU 后，乘员运输任务中每年会向月球表面增加 16 t 的运货量，如果可以把载荷分批放到每次乘员运输任务中去，原定的第二次货运任务就有可能取消。采用 ISRU 的净利润相当于每两年节省一次货物运输任务的费用。发射一次货物运输任务的费用一般来说比发射载人任务要少一些。因此我们可以这样计算，一次货物运输任务需要花费 10 亿美元，所以每年 ISRU 可以节省下来的费用约是 5 亿美元。

我们注意到在月球货物运输任务中没有采用 ISRU，这是因为使用不需从月球返回地球的货运着陆器性价比要远远超过使用 ISRU 生产推进剂的返回式货运着陆器。就像贝尔（Bell）曾经指出的那样[3]，可重复使用飞行器需要相当多的再入质量，损失的有效载荷质量巨大。

NASA 现在对外宣称的是月球基地至少运营 10 年，比我们假设的 4 年要长很多，但由于很多因素的限制，ISRU 系统是不大可能持续工作 10 年的。因为每过 1 年，生产设备当地附近的水冰资源就会更加枯竭，而月球车将需要往返更远的距离运送月壤；另外这些挖掘和转移月壤的设备一直持续运作，需要周期性地更换，其他一些组件也要进行周期性的维护、升级或更换。因此，我们上文中假设的因利用 ISRU 而增加的货运任务的有效载荷质量，将有一部分要分配给月球 ISRU 设备自身所用。

---

[3] J. Bell，“The Cold Equations of Spaceflight”（http：//www. spacedaily. com/news/oped－05zy. html）

月球 ISRU 系统的费用包括如下（非全部清单）。

（1）研发

1）月壤挖掘和运输技术研发——包括月壤挖掘、转移月壤到中央处理器以及去除废料的各类自动化系统；

2）处理技术研发——包括处理月壤、加热并去除水蒸气、冷凝与收集水、去除废料的系统（使用的月壤不能有团状或者有黏性）；

3）地面仿真和试验系统——需要真空、低温、空旷的环境来模拟月球表面；

4）如果基地在月球南极点附近阴影环境中，需要建立人工核反应能源系统。

ISRU 系统的研发费用是很难估计的，NASA 月球 ISRU 技术研发策划书称："特别是在研发最初的 4 年里，有限的资金被限定应用在一定范围和数量的可评估的概念研究上，同时在项目的充分特性描述和任务完成之前，资金限制就要求选择费用较少的项目。"不管怎样，最初 5 年的科研资金已经达到 6 千万美元，仅有 2 位科学家进行实验室系统研发和有效载荷的准备工作，这部分资金尚不足以完成整个计划所需研发资金的 1/10 或验证经费的 1/5。粗略估计，月球 ISRU 组件的研发费用将达 8 亿美元，而且建立空间核反应堆大致约需 50 亿美元。

（2）勘探

勘探一般分为如下步骤：

1）在轨观测：5 亿美元；

2）配有中子频谱仪可定位的月面实地长距离移动巡查设备（6 次任务，每次 10 亿美元）；

3）通过地下探测验证选定地点进行 ISRU 可行性的实地任务（4 次任务，每次 15 亿美元）；

勘探预计总费用为 125 亿美元。

（3）原位试验和验证

从 1/10 规模的系统发展成为大规模的"最后彩排"系统，月球

ISRU 自主操作所需的两个重要设备需要进行研发、交付、安装、调试，并最终可在月球表面投入使用。由于每个步骤都需要人员在月球基地操作，两次验证需要的费用大约 100 亿美元。

（4）月球 ISRU 总费用

研发月球 ISRU 的总费用估算如下：

1）研发：60 亿美元；

2）勘探：125 亿美元；

3）原位试验和验证：100 亿美元；

4）总花费：285 亿美元。

每年节约 5 亿美元，大约 60 年后才能盈亏平衡，如果考虑对 ISRU 系统的投资提前，那么投资的回报会延后几年，可能就不止 60 年。就算忽略核反应堆的研发费用，ISRU 的研发费用也大大超过了它可以提供的价值。

我们也要考虑到，从月球极点的水冰中制备氧化剂补加到月球着陆器上升级，成本的节约是有限的，但是对整个任务是一笔巨大的开销。用月壤提取制造氧化剂的繁琐步骤和风险性也让人望而却步。

1.3.2　月球生命保障

月球基地的初步方案是组建一个 4 人乘组，每 6 个月轮换一次，如表 D－3（见附录 D）所示，4 人乘组的用水量约是 110 kg/天，呼吸需要的氧气是 4 kg/天/人，稀释氧气的气体需求量是氧气的 3 倍。这里可以清晰地看出，水的需求量是起决定性的因素。如果这些都从地球带去，那么每 6 个月将要带去 182×126＝22 932 kg≈23 t 的物品。如附录 D 中指出，环境控制与生命保障系统（以下简称“环控生保系统”）必须通过回收利用部分资源来维持供给。如表 D－3 中，NASA 预估（我认为较乐观）提供这些物质的环控生保系统大约需要 3 t 的质量。

然而，我们还不能马上回答下面两个问题：

1）环控生保系统是否可以独立运行？

2）假定系统可以独立运行，评估的 3 t 质量是否可信？

如果独立运行的环控生保系统可以满足上述要求，那么 ISRU 系统的最主要潜能就是供给系统需要的备份水资源，这样的备用系统的风险性将会大大降低。无论 ISRU 系统用于制造月球上升所需推进剂方面的投入产出比多么小，至少可以满足生命保障的需求。

1.4 火星 ISRU 的成本效益分析

1.4.1 火星 ISRU 产品

在载人火星探测任务的一些概念设计中，关于运送物品到火星的方案大概分成两类。一类是向火星表面运送包括居住设施、动力系统、移动装置、生命保障系统以及上升飞行器等组成的火星表面居住系统，这可以保障航天员在火星上的居住生活，大约可以支持一年半左右。

另一类是 ERV 系统，该系统在火星轨道上停留，具备独立的推进系统和生保系统。由于 ERV 从火星表面上升至环火轨道需消耗大量的推进剂，方案设计中就无需让 ERV 降落在火星表面。然而，如果同一套推进系统和生保系统既能降落在火星表面，也可以用于返回地球，ERV 着陆在火星就是可行的。拉普（Rapp，2007）在《火星探险与火星社会》一文中提出了这个任务概念，并采用这种途径。但在 NASA 的所有设计方案中，ERV 都停留在环火轨道，上升器需与环火轨道上的 ERV 进行交会对接，这是乘员返回地球的第一步。在本书中，我们假设 ERV 仍在环火轨道运行，而降落火星表面的技术尚在发展中。

ISRU 对于火星任务至关重要的是可以制造出液氧推进剂，当需要返回地球时，可以提供从火星表面上升并与 ERV 在环火轨道交会对接所需的推进剂。ISRU 制氧需要一定时间，并且制造出的低温液体可以贮存在火星上升器（MAV）中。即便使用相对小型的 ISRU 系统，就算生产效率不高，在一段长时间的工作后（比如一年或更久），还是能够生产出大量推进剂以供使用。在更高效的任务概念设计中，ISRU 系统和 MAV 可以在航天员到达前 26 个月先被发射到火星表面，可以提前将火星上升器的推进剂贮箱装满。

从火星表面上升所需的氧化剂质量由以下因素决定：

1）上升段和交会对接阶段包含航天员在内的上升级质量；

2）乘组人员的数量；

3）交会对接轨道的高度；

4）与氧化剂反应的燃料质量。

典型的运载火箭使用液氧作为氧化剂（如液氧-甲烷火箭），根据实际的混合比，液氧大约占全部推进剂质量的 75%～80%。如果我们从地球携带甲烷而利用 ISRU 制造液氧，ISRU 就可以承担起 75%～80% 的上升级推进剂需求。某些类型的火星 ISRU 不但可以生产氧化剂，还能生产甲烷，这样 ISRU 系统就能供给 100%的上升器推进剂。在利用 ISRU 同时产出氧和甲烷的情况下，所需的上升器推进剂的质量要求见后续章节所述。

火星 ISRU 可同时制备生命保障系统的消耗品。600 天的 6 人乘组执行火星表面作业任务，需要消耗 100 t 的水和 4 t 的氧气（见 Rapp，2007）。就环控生保再循环系统的效率和质量而言，使用 ISRU 制备这些消耗品更有优势。如果有一种可靠的、长期的、效率高的环控生保系统（ECLSS）存在，我们更应该将 ISRU 的质量与 ECLSS 进行对比，而不是将 ISRU 系统质量与所用资源的质量进行对比。拉普（Rapp，2007）指出在约翰逊航天中心（JSC）研究的基础上（通常被认为是比较乐观的数据），给出了环控生保系统需要的空气和水的预估值。根据这个数值，火星表面的空气和水循环系统大约需要15 t（见表 D-3 所示），另外 3 t 用于上升段生命保障系统，这样质量传递比会比较高，因为离开近地轨道、进入环火轨道、下降到火星和返回火星轨道的总质量传递比是至关重要的。然而，早期阶段环控生保系统质量的估算被证明是过于乐观了。另外，前期研究是着眼于提高效率，没有解决长寿命高可靠的问题。是否能建立长寿命和高可靠且高效的系统还是一个尚待解决的问题。可以确信，能够在火星表面生产氧气和水的 ISRU 系统作为环控生保系统的备份具有其无法替代的价值。

1.4.2 火星上升器推进剂

ISRU 的使用取决于任务方案。假定我们要在很多年里不断使航天员降落到火星上，继续他们前任需要完成的任务，一个关键问题就在于，是让航天员乘组着陆在同一地点，还是每次乘组都着陆在不同的地方。首先要权衡的是，是否额外增加 3 个不同位置的勘探，还是在一个位置建立定居地（例如有封闭的生命保障系统）来降低风险。鉴于单一位置的火星基地就可以提供比较广泛的探测范围(使用加压舱可以有数百千米)，DRM－1 中提及的数处着陆方案的优势就不明显了。因此，最初 3 次任务可以着陆在同一位置来建造基地。

DRM－1 的策略就是“任务分割”，将大的任务要素分解成多个系统，这些系统都可以通过重型运载火箭发射升空，而无需在近地轨道对接或组装。这项策略能够让这些系统在火星表面进行对接，这就要求精确着陆和主要系统部件能够进行表面机动，以便它们能够在火星地面连接起来或机动到足够近。“任务分割”策略的另一项贡献就在于在乘组人员离开前，可将货物发射到无人的火星表面。这样，货物运输使用低能量、较长转移周期轨道，而乘员运输使用高能量、短周期转移轨道。将每次任务分成两次或更多次发射任务，可在航天员发射入轨之前对货运设施提供更多机会进行检查，可为后续多次发射任务提供高可靠性，也可为早期的发射任务提供备份或者提高能力。

在 DRM－1 中，首先第一次任务是从地球发射 4 艘飞行器到火星，之后的 3 艘飞行器根据每次任务的要求依次发射升空。最开始的 3 次发射任务不载人，只是将火星基地建设所需的物品送到火星。这些货运任务包括在轨运行的地球返回舱（ERV）、携带火星上升器（MAV）的着陆器和携带火星居住舱的着陆器。26 个月后，第一批乘组人员离开地球。后续每次任务序列都包括 1 次乘员运输和 2 次货物运输任务。航天员按部就班地在火星表面建立基地，在第三批航天员完成他们的任务后，火星基地的基础设施便可以支持长期居住了。对于名义上的任务序列，1～4 次发射任务都是用来支持第一批乘组人员的。

后续任务序列包括 3 次载人发射任务，每次大约 26 个月的间隔，如图 1－1 所示。第一次载人发射包括 4 艘飞行器：携带地球返回舱的货运飞行器、携带火星上升器/基础设施的货运飞行器、携带火星居住舱的着陆器和乘员着陆器。3 艘货运飞行器提前航天员 26 个月出发离开地球，以最小的能量轨道飞向火星（即在近地轨道无组装或补加推进剂）。下降级着陆后，核反应堆在距离上升器数百米外自动展开，在航天员离开火星表面前，火星上升器的推进剂贮箱就被慢慢地充满了。乘组着陆器可作为备份的居住舱。

最早抵达火星的 6 人乘组（第 4 次发射中）采用二次发射方案。他们在 3 次货运发射任务之后才被发射入轨，但由于选择了较快的 180 天的转移轨道，因此他们几乎比货运发射任务（第 5、6 次发射任务）先到 2 个月。第二批和第三批乘组人员不使用携带居住舱的着陆器，而仅利用携带 ERV 的货运飞行器、携带 MAV/基础设施的货运飞行器、乘组着陆器。

DRM－1 任务假设，得益于技术的不断发展，每次火星精确着陆的能力都会得到提高，而且每次从地球发射的部件都可以方便地在火星上组装起来。尽管过去 NASA 并没有证实有倾向先开展机器人先驱任务，我们可以使用机器人先驱任务来验证这一点。

在火星上安顿好之后，每个乘组需要使用预先着陆的 ISRU 生产的推进剂填满火星上升器，并与在环火轨道等待的 ERV 交会对接。乘员进入 ERV 的居住舱，类似于出舱前的节点舱，这个居住舱

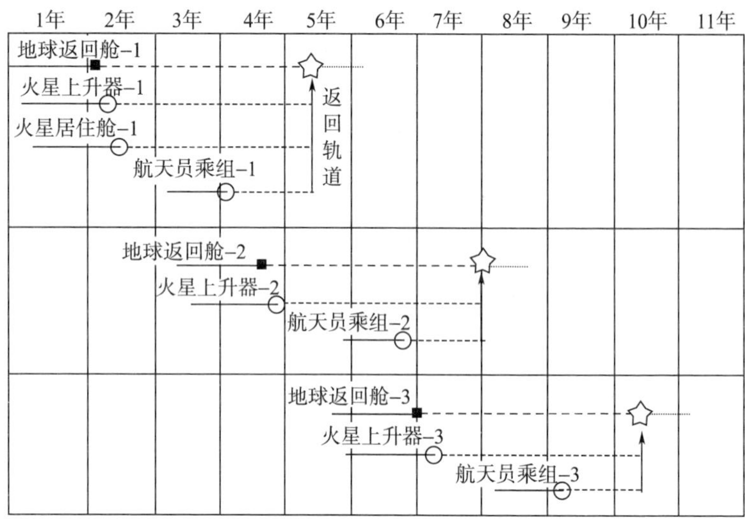

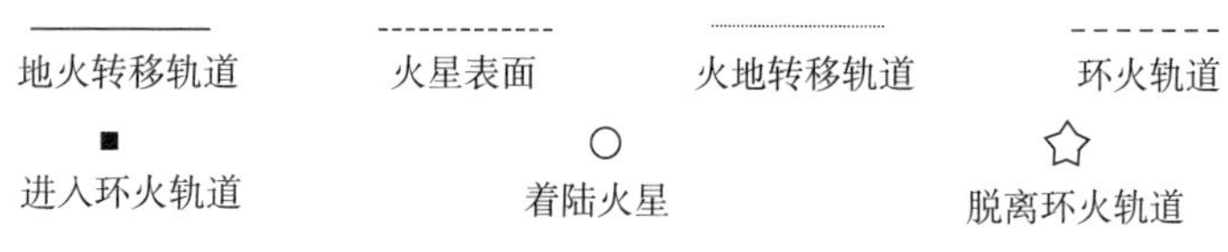

图 1－1　DRM－1 中三批航天员去往火星的任务序列

是 ERV 的一部分，通过早期的货运任务机会部署的，它在乘员到达之前以目前的模式在环火轨道飞行了将近 4 年。

综合各种观点，拉普（Rapp，2007）给出了使用和未使用 ISRU 的不同概念设计的载人任务的近地轨道初始总质量（IMLEO）预估值，给出这个数值要做很多假设，并会直接影响 ISRU 的价值，但问题并非这么简单，不确定因素如下（没有特定顺序）。

1）是否能使用核热推进（NTP）技术离开地球，应用这项技术将材料送往火星会使传递比降低多少？

拉普（Rapp，2007）指出，核热推进比 LOX＋LH_2 氢氧化学推进的比冲高得多，这样就具有降低从地球运往火星物质传递比的可能。然而，随着推进剂干重的增加和核热系统点火升空时最低海拔高度的增加，核热技术的价值会逐步降低。既然我们目前还不确定干重所占推进剂的比例或点火时的最小海拔高度，我们就没办法确定离开地球使用核热技术的优势。但从有限的数据中判断，如果必须在 1 000 km 海拔以上才能点火的核热火箭优势便不明显了。附录 B 中提供了进一步的细节。值得注意的是，应用核热技术降低 IMLEO 的程度，可能同时会降低使用 ISRU 的优势。

2）载人火星探测任务的大型有效载荷能否使用气动捕获技术进入火星轨道，而气动捕获系统的质量和所需进入火星轨道的推进剂质量相比又如何？

载人火星探测任务的大型飞行器气动捕获技术的需求仅能粗略地估计一下，在气动捕获系统中，携带着减速伞的生命保障和温度控制系统的需求特别严格。减速伞的尺寸要求伞体的包装复杂，除非使用非常大型的运载火箭来发射。最初的粗略统计来源于佐治亚技术团队（Christian et al.，2006；Wells et al.，2006），附录 C 和拉普（Rapp，2007）的研究提供了进一步的细节。研究表明，和使用推进剂直接入轨方式相比，火星轨道气动捕获技术将显著节约推进剂质量；但大型减速伞给包装带来很大困难，每次发射时，生命保障系统、其他航天器系统和运载火箭的质量，都必须限制在 30 t 以下，这就给航天员着陆带来了很大的局限性。如果要携带液氢去火星，在减速伞内贮存液氢将会变得非常困难。

3）哪种推进剂适合从地球发射、进入火星轨道、从火星上升，而每种推进剂在比冲和干重比方面的独特价值又在何处？

显而易见，“LOX＋LH_2”的化学推进剂方案是用于脱离近地轨道的最佳选择。推力大约能持续 450 s。在进入火星轨道时，有两个备选方案：“LOX＋LH_2”和“LOX＋LCH_4”。如果在去往火星的途中不考虑液氢的蒸发问题，“LOX＋LH_2”方案将以 450 s 的比冲战胜 360 s 比冲的“LOX＋LCH_4”方案。拉普（Rapp，2007）中的第 5.7.5.5 节中，提供了详细的有关运送液氢到火星的评论。假设我们对一个覆盖着 100 层多层隔热组件（MLI）、工作时间达 9 个月的飞行器进行乐观估计，每个月因蒸发大约损失 3%～4%的液氢，最后大约有 30%～35%的液氢损失掉了。到达火星时可用液氢大概只占最初贮存量的 50%，这个数据还不算太差。不幸的是，根据我们对于 ISRU 的认识，在火星表面，液氢逐步转化为 CH_4+O_2 的同时，要持续保存约一年的时间，而火星表面又会加速液氢的蒸发。尽管所有火星现有任务设计都表明这是可以做到的，但在火星上持续贮存一年时间还是非常困难的。为了回避在火星上长时间贮存液氢的情况，罗伯特·祖布林（Robert Zublin）提出的 ISRU 方案可以通过萨巴蒂尔反应（轻度放热）快速地使用液氢，在短时间内大量使用 CO_2 生成甲烷和水进行贮存，直到水通过电解生成氧气。但这给动力供给、氢氧和甲烷的循环系统的体积和输送又提出新的挑战。此外，这种方案的可行性尚未明确，因此“$LOX+LCH_4$”方案成为进入火星轨道的最佳推进剂方案。

4）对火星上升系统合理的质量估计是多少？

DRM－1 假设火星上升器的乘员舱质量是 2.8 t，而推进系统干质量为 2.6 t。根据火箭运动方程，需要 26 t 的 $LOX+LCH_4$ 推进剂，以 360 s 的比冲使初速度为 5.6 km/s 的物体加速进入火星椭圆轨道。晚期的 DRMs 中提出乘员舱的质量将会达到 4.3 t。这样，为进入椭圆轨道需要 40.2 t 的 $LOX+LCH_4$ 推进剂，或者 15.9 t 的 $LOX+LCH_4$ 推进剂进入圆形轨道。如果贮存的推进剂用于从火星上升，那么需要的推进剂数量将会多得不可思议。

5）我们会使用哪种火星轨道，圆形的还是椭圆的？

比起椭圆轨道，圆形轨道有一些优势，比如相对稳定的热环境和通信环境，另外也可以更方便地与从火星上升返回地球的航天器进行交会对接。圆形轨道需要更多的推进剂用于轨道进入和离轨，但航天器从火星表面上升到环火轨道交会对接是节省推进剂的。对于圆轨道来说，减少上升过程推进剂的优势超过了在进入轨道时增加推进剂的代价。因此，在没有利用 ISRU 生产上升器推进剂的情况下，圆形轨道是更好的方案。但是，一旦利用 ISRU 生产上升器推进剂，而且如果和 ISRU 产出的推进剂相比，ISRU 设备本体所占的质量较小的话，我们就应该选择椭圆轨道，因为上升段需要补加的推进剂不再需要从地球携带，而入轨或离轨需要的推进剂质量也会减小。综上使用 ISRU 可以带来两个好处：

1）ISRU 系统的质量替代了上升器推进剂的质量；

2）减少了入轨和离轨推进剂的质量。

根据之前的论述，在载人火星探测任务中，我们从 ISRU 上获得的优势依赖于很多因素，而这些因素中的部分还不确定。

如果利用 ISRU 来生产上升器推进剂，着陆质量 M_{MS} 的绝对值将会降低。与此同时，像我们之前讨论的那样，如果 ISRU 能利用火星自身的资源来生产推进剂，那么任务设计方案应该有所改动。地球返回舱（ERV）不再被送入火星圆形轨道，而是送入延长椭圆轨道，这样入轨的初始速度要求从 2 400 m/s 降低到 1 200 m/s（同时也降低了推进剂的需求）。此外，从椭圆轨道离轨的初速度 Δv 大约是圆形轨道离轨初速度（也是 2 400 m/s）的一半，更加节省了质量。尽管这可能会增大离开火星表面时航天器的初速度，同时增加上升器推进剂的质量需求，但这部分需求我们可以利用 ISRU 来提供。因此 ISRU 制造推进剂的优势如下所述：

1）降低着陆质量（M_{MS}）；

2）降低地球返回舱进入火星轨道所用推进剂质量；

3）降低离开火星轨道时需要的推进剂质量。

再者，因为进入椭圆轨道的初速度 Δv 会有明显的降低，我们可以排除气动捕获的方案，采用化学推进剂的入轨方案会变得有竞争力。气动辅助下降的方法依然可以被保留。可以假设所有火星附近的推进转移均可使用液氧甲烷推进剂以 360 s 的比冲实现，也许同样适用于从近地轨道到火星的快速转移。

任务设计的各个环节决定了使用 ISRU 生产上升器推进剂会导致着陆质量降低。在 NASA 的参考设计任务中，带有核动力系统和 ISRU 设备的上升器先于航天员乘组 26 个月离开地球去往火星。这可以减少上升所用的推进剂，而上升器推进剂贮箱在航天员离开地球前就会被加满。我们使用小型的 ISRU 设备每周 7 天每天 24 小时不停地工作一年时间，最终满足航天员到达后所有物质质量的需求。因此，前期工作的 ISRU 设备和到达后的航天员乘组将使用同样的动力系统。此外，核动力系统的质量不需要 ISRU 设备所负担。上升器所需推进剂的质量取决于携带航天员乘组上升和对接的上升器舱体的质量，还有上升器推进系统的质量。进入椭圆轨道的入轨平均速度约是5 600 m/s，前提是使用 LOX+CH_4 推进剂维持 360 s 比冲。我们可以使用如下的火箭方程式：

$$m_P/m_{PL}=(q-1)/[1-K(q-1)]$$

其中

$$q=\exp[\Delta v/(gI_{SP})]$$

式中 K ——推进剂干质量/推进剂总质量；

m_P ——推进剂总质量；

m_{PL} ——入轨的有效载荷质量。

上升时的有效载荷是乘员舱（不包含上升所用推进系统干质量）。值得注意的是[$K(q-1)$]接近 1 时，分母接近 0，使用这样的推进系统将无法发射任何有效载荷。明显地，K 值对推进剂的需求量至关重要。对于 LOX+CH_4 推进剂来说，$q=4.891$，K 值接近 0.257，分母接近 0 而无法运送载荷。DRM-1 和 DRM-3 假设 K 为 0.1，未出版的《星座项目》（*Project Constellation*）文件中指出月面上升的计划数据中 K 值可能比 0.2 还要高。当 K 值为 0.1 时，m_P/m_{PL} 的值为 6.37，但当 K 值为 0.2 时，这个数值将增至 17.5。根据对 m_{PL} 数值的预估，同时假定 K 值为 0.1，约翰逊航天中心得到了 m_P 的数据，DRM-1 中，m_P 为 26 t，而 DRM-3 中，m_P 为 39 t。

让我们假设（可能有些武断）m_{PL} 约为 4.3 t 而 $K=0.15$，根据参考设计任务的研究基础来看应该是具有典型性的。我们发现 $m_P/m_{PL}=9.34$，上升器推进剂质量（m_P）应为 40 t。但是需要从中减掉 ISRU 系统质量就得到 ISRU 节约的净质量值。ISRU 系统质量取决于系统的实现过程。假设我们从星体表面附近的表岩层中提取水，在早期对系统质量的预估将会很困难。根据一份未公开发表的研究结果，我们可以粗略地估计 ISRU 系统的质量大约为 4 t，在火星表面使用 ISRU 节约的净质量大约是 36 t。但是，这是我们在以初速度Δv 为 5 600 m/s 进入椭圆轨道的假设上估计出的，如果不使用 ISRU，任务可能改为以初速度Δv 为 4 300 m/s 进入圆形轨道。这样的话，上升器推进剂需求将仅为 16 t。因此，和携带 16 t 推进剂上升到圆形轨道相比，比较合理的方案是运送 4 t 的 ISRU 系统到火星表面来生产出 40 t 推进剂去椭圆轨道。因此 ISRU 在火星表面仅仅节约了 16－4＝12 t 的质量。

如果采用气动辅助进入、下降与着陆（EDL），G_{MS}的合理值大约是 10.5[4]。这样，粗略估计下来，ISRU 大约节省了 10.5×12＝126 t 的 IMLEO。

IMLEO 的下降还有一个因素，就是地球返回舱（ERV）进入火星椭圆轨道的初速度Δv 大约是进入圆形轨道初速度 2 400 m/s 的一半。假设火星转移飞行器可以提供快速转移，使用 LOX＋CH_4 推进剂进入椭圆轨道的 G_{MO}为 4.73，进入圆形轨道的值为 7.17。因此，使用火星椭圆轨道可以节约 IMLEO 的 0.66＝4.73/7.17。也就是说，向火星轨道发射 80 t 的物品，若是圆形轨道，那么 IMLEO 为 574 t，而椭圆轨道的仅为 378 t，节约大概 200 t。此外，这也将节约返回地球的质量，因为火星椭圆轨道的离轨平均速度要求是 1.2 km/s，大约是圆形轨道离轨速度 2.4 km/s 的二分之一。如果火星转移运载器返回地球的质量是 40 t，我们可以通过之前公式中 m_P/m_{PL} 大致计算出需要的火星离轨推进剂质量。这部分推进剂质量为：圆形轨道44 t，椭圆轨道 17 t，在火星轨道处节约下来的质量

---

[4] G_{MS}是从近地轨道运送单位载荷到火星表面的质量传递比，G_{MO}是从近地轨道运送载荷到环火轨道的质量传递比。

是 27 t，在近地轨道转移中节约下来的质量约为150 t，取决于火星进入轨道的系统方案。

在火星上使用 ISRU 系统而降低 IMLEO 的优势是建立在使用 ISRU 系统的椭圆轨道和不使用 ISRU 系统的圆形轨道的假设基础上的。因此，总的来说，使用 ISRU 来降低 IMLEO，包括如下三点因素：

1）IMLEO 降低 126 t 是由于使用 ISRU 在火星表面制造推进剂，这样就无需从地球携带；

2）IMLEO 降低 200 t 是要求在椭圆轨道入轨方案中使用 ISRU 而圆形轨道入轨方案中不采用 ISRU；

3）IMLEO 降低 150 t 是要求在椭圆轨道离轨方案中使用 ISRU 而圆形轨道离轨方案中不采用 ISRU。

所有这些预估都是来源于实际的飞行器质量和推进系统质量，但它们也仅能给出一个粗略范围的估值。总的来说，使用 ISRU 能使 IMLEO 降低 450 t，但也许令人吃惊的是，我们必须重点强调，这些主要是源于较低的椭圆轨道入轨和离轨初速度要求（和圆形轨道相比），而不是因为火星上升器推进剂质量的减小。

如果出于某些原因，探测器必须使用圆形环火轨道，那么 ISRU 的优势将会大打折扣。

1.4.3 火星表面生命保障

通过 ISRU 生产出的生命保障消耗品，可以减少必须送到火星表面的物质质量，这具有重大意义。在附录 D 中列出了火星生命保障的必需品。ISRU 对火星生命保障系统所起的作用是基于对生保再循环系统高可靠高质量的假设。一个在轨 18 个月的 6 人乘组的生命保障必需品包括 100 t 水。根据 NASA 的评估，ECLSS 系统每次循环可达 94％的回收率，系统质量预计为 16 t。有如下 2 个问题：

1）一个可靠的环控生保系统是否能实现独立可靠的运行？

2）假设系统能够独立运行，16 t 的预估质量是否可信？

一种观点是相信这样一种系统可以付诸实践，因为从近地轨道到火星表面以及返回途中，要保证任务完成，ECLSS 系统必须工作。既然可以在途中运行，为什么不能在火星表面工作呢？抵达火星或返回地球每次都需要 6 个月，而在火星驻留时间大约是 600 天；在 6 个月的单程火星之旅中，航天员的活动量是非常小的，而在火星上航天员的活动是非常活跃的。目前这些因素带来的区别尚不明朗。

如表 D－3 中所示，6 人乘组每天用水量约 167 kg，600 天算下来总用水量就是 100 t。如果环控生保系统每天进行一次循环，每次循环损失水量为 $(1-\eta)\times 167$ kg/天，η 为水的每次再循环使用的效率。NASA 预估环控生保系统的质量大约是 10 t。另外，对循环中损失水资源提供补给的贮存量为 $B=600\times(1-\eta)\times 167/1\,000$ t 。如果 η 取 0.94，B 就约等于 6 t。这就是 NASA 给出总的水资源再生利用系统的总质量为 16 t 的分析值的基础。

如果环控生保系统确实可以达到上述参数，ISRU 系统的最主要潜在目标可能就是提供水资源补给了。这样的备份系统大大降低了风险指数。另一方面，利用 ISRU 代替单纯的生保再生循环系统，在航天员离开地球出发前就开始给航天员乘组的生保消耗补给一年半的水资源，这将具有突出的价值。

1.4.4　火星 ISRU 的价值

一系列的不确定性让火星 ISRU 的实用价值变得扑朔迷离，特别是这项技术在生命保障中的应用。正如上文所述，使用 ISRU 制造上升器推进剂，会使 IMLEO 减少大约450 t。如果不采用 ISRU，我们需要将这部分质量直接运往火星。假设向近地轨道运输 1 t 物质需要花费 2.2 千万美元，每次载人火星探测任务运送和返回的可节省费用约为 100 亿美元，三次系列任务总共可以节省 300 亿美元。在目前的阶段，我们难以估量 ISRU 探测和开发所需的支出，但应该不会超过 100 亿美元。ISRU 在生命保障方面的价值难以估量，但至少能省下数十亿美元。

1.5 在 LEO 提供利用月球资源制备的推进剂

典型的火星基地飞行器在驶离近地轨道去往火星前，大约 60% 的质量都是 H_2+O_2 推进剂用于从 LEO 进入环火轨道。如果可以从月球上生产 H_2 和 O_2 在近地轨道补加给火星基地飞行器，那么仅仅从地球携带剩余 40%的推进剂即可，另外的 60%可以从月球资源中开发补给。举个例子，如果火星基地飞行器的近地轨道质量是250 t，大约包括 150 t 的推进剂用于火星轨道进入。如果利用月球资源补给液氢和液氧，那么从地球发射至 LEO 的质量大约就是100 t，而不是 250 t，这为建造大型火星基地飞行器的可行性提供了非常有益的支持。

在这一点上，我们必须面对的问题是：怎样才能将水从月球转移到近地轨道（之后可以在 LEO 利用电化学原理将水电解成 H_2 和 O_2）？如果计划得以实现，从月球补给推进剂会比从地球运送推进剂的花费要小。如果不能实现轨道转移运输，看上去从地球运送推进剂到 LEO 要显得更划算一些。

毫无疑问，我们需要假设确实能从月球极地附近开采到水冰，如果连这个计划都不能实现，整个方案就是空中楼阁。此外，如果轨道转移飞行器质量太大，转移的过程会变得不可持续，所有从月球开采的水冰生产出的 H_2+O_2 都用来运输转移飞行器自身的质量，最终从月球运送到 LEO 的 H_2+O_2 的质量就会变得很少或者不剩。因此，应该定量地详细分析转移过程中每一步的细节，来预测开采的水冰有多少比例能运送至近地轨道来给火星基地飞行器补加推进剂。拉普（Rapp，2007）给出了详细的步骤。性能评价指标是月球上提炼的水中可被转移至 LEO 为火星基地飞行器所用的净百分比。随着这个百分比的增长，从月球运送水到 LEO 的价值越来越可观。

然而，根据拉普的论断，目前估计最好的情况是，大部分在月球上开采的水冰贮存在贮箱中，并在转移到LEO的过程中被用尽，能运送到LEO的净水少之又少。这个判断是基于航天器设计标准得出的。另一方面，如果这些携带水箱的飞行器在未来技术的支持下可以做得更加精致，这种转移方案将会更具有可行性。附录E中给出了细节。

1.6 利用月球摆渡提供着陆推进剂

ISRU研究通常集中在提供月球上升器推进剂方面，然而上升器推进剂的需求仅为每次8 t，而着陆器推进剂的需求总量为大约20～25 t，为ISRU提供了更吸引人的可能性。

在月球探测计划中保留使用ISRU，要求如下：

1）LOX或LH_2低温推进剂必须在月球着陆和上升阶段不间断地使用；

2）单独用做上升器推进剂效费比并不高，必须找到另一种可高效利用ISRU产品的方法；

3）IMLEO的显著减小是因为应用了ISRU。

此外，为使ISRU在探月任务中产生显著影响，还需满足如下条件：

1）ISRU系统需为月球探测任务的系统组成而建造，以便后续其他空间飞行器和运载器在使用和尺寸上能与ISRU相适应，可以在任务之初就使用它。（这与以往典型的NASA/JSC方法相悖，他们更愿意将ISRU系统作为一个附加的装置，在任务晚些时候加到一个系统中，而原本并没有考虑使用ISRU。）

2）为了实现上述计划，我们需要在载人任务之前组建一支机器人分队，勘探月球资源并建立一个可运行的ISRU系统，作为首次载人任务的基础设施。毫无疑问，这将使航天员重返月球推迟数年并花费数十亿美元。但是，NASA对机器人先驱这项计划根本不感兴趣，也忽略了资源探测的必要性。

3）月球极地水冰必须成为 ISRU 的可选原材料。

4）上升器推进剂是液氧，液氢也可以作为推进剂。

5）ISRU 产品的应用需要扩展为包括上升和着陆的推进剂。

6）不考虑下降期间应急起飞模式的可能性（这是一项故障预案，很可能不被接受）。

尽管这个方案的产出/投入比不是非常可观，但仍比仅使用 ISRU 制造上升器推进剂远有优势。

在月球摆渡飞行器的概念设计中，假设它可以在其他飞行器降落月球之前进行推进剂补给，在此设计中，一个永久性的补给站已事先建立在月球轨道上了，它具有的能力如下：

1）和来访飞行器交会对接；

2）电解水资源；

3）贮存 LOX 和 LH_2；

4）补加 LOX 和 LH_2 到相关飞行器的贮箱里；

5）在月球极地火山附近建一个长期的基地：

a）不间断开发水资源；

b）分解水为 LH_2 和 LOX 供上升器使用；

c）作为月球摆渡飞行器的发射平台和回收台。

月球摆渡飞行器在基地和补给站之间穿梭，运送水资源来转化成为 LH_2 和 LOX。其中一些在基地生产的水资源转化成的 LH_2 和 LOX，被用于月球摆渡飞行器的上升段飞行；另一些被用于月球摆渡飞行器返回基地的过程。

降落在月球表面的飞行器已经在补给站加满了可供降落和上升需要的推进剂，从月球表面向月球轨道运送水资源的效率可以从附录 E 中查到，仅仅考虑月面至环月轨道的转移，如表 1－1 所示。

如果 K_1 足够小，在月球轨道建立永久性补给站来提供着陆推进剂是有可能的，假设我们给出的条件都能满足（不大可能），而且挖掘和运送推进剂的费用要比从地球运往月球要小（可能性更小），

K_1的值决定了贮箱的质量（当满载货物时，贮箱的惯性质量是用K_1乘以总质量）。在这种情况下，近地轨道节约的总质量是可以估计出来的。假设月球表面的设备可以提供 8 t 的上升推进剂，月球轨道的设备可以提供 22 t 的下降推进剂，那么从近地轨道到月球极地附近的质量传递比大约为 4.4，从近地轨道到月球轨道的质量传递比大约为 2.5。因此，相比推进剂不从近地轨道运送的情况，近地轨道节约的总质量大约是 35 t 上升推进剂和 55 t 下降推进剂。另外，由于从近地轨道向月球转移的推进系统质量减小了，近地轨道节约的总质量也会变小。

表 1－1　月球上开采的水可被转移至月球轨道的百分比。K_1 是决定贮箱质量的参数（惯性质量是 K_1 乘以总质量）

单位：t

K_1	水资源的质量	可运送到月球轨道的水资源净含量	运送到月球轨道水资源的净百分比
0.10	52.8	20.4	38.6%
0.14	55.4	17.9	32.4%
0.18	58.5	15.0	25.6%
0.22	62.4	11.3	18.2%
0.26	67.2	6.7	10.0%
0.30	73.6	0.8	1.1%

如图 1－2 所示，要面临的一个困难是如何在无人月球表面建立基地？IMLEO 的大幅降低是这个系统开始运转后才能实现的。如果乘组必须登陆月球来建立基地而没有 ISRU 的支持，那么整个系统的质量将非常巨大，而使用 ISRU 的优势会大大缩水。因此这是以在月面有效制造推进剂为前提的。

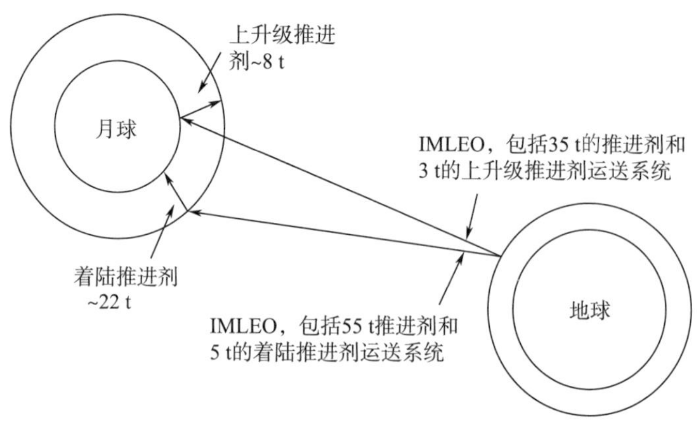

图 1-2　使用月球资源为未来月球着陆器提供上升和下降推进剂时，IMLEO 的潜在节约量

1.7　NASA 的观点

NASA 并非是一个自主独立的组织，在年度计划的制定上没有太大的连续性。因此，当 NASA 的领导换届后，在 NASA 中继续一项科学研究是很困难的，方向大幅突变，戏剧性的战略调整，任何风吹草动都能影响管理层的决策。尽管 NASA 近年来的文档中表示 ISRU 的发展具有非常重要的意义，但事实上是，20 世纪 80 年代和 90 年代对 ISRU 的财政支持非常有限，这项技术仅仅达到了维持存活的水平。ISRU 中的机器人计划完全不被重视，航天飞机和空间站载人任务也停滞不前，因此对 ISRU 的关注降低到了次要地位。随着 2004 — 2005 年，NASA 启动重返月球计划，ISRU 获得了新生，可观的资金被投入到该领域的研究中来。尽管这样，这些资金直接被 NASA 总部划拨到了月球 ISRU 中（看起来意义不大），而火星 ISRU（也许更加有意义）却被忽略了。然而，NASA 资金投入的立足点是具有不确定性的，而且 NASA 中 ISRU 的管理者们需要花费很长时间来鼓吹他们支持这项计划的原因，和我在 NASA 供职多年的情形类似，我同情他们，并且理解他们的处境。

考虑到 ISRU 增补基金被专用于月球 ISRU 的开发，NASA 中 ISRU 管理层也被迫进入了无论月球 ISRU 的意义存在与否，都必须给予支持的局面，也就是人们常说的进退两难。为了使月球 ISRU 研发看起来让人容易接受，他们用一种简单的方式来说服自己，ISRU 节约了必须运送到月球的物体质量，因此月球 ISRU 是值得探索的。他们所有报告和文献看上去都在重申这样的原则：既然 ISRU 可以利用地外天体的资源替代从地球携带的物质，那它一定是值得研究的。例如，桑德斯（Sanders）和拉森（Larson）在 2011 年做了这样的陈述：

“将原位资源利用技术应用到任务的必需消耗品（如推进剂和生命保障系统等）的生产中，会大大降低质量、费用和任务风险，并带领人类探索出一条通向地球以外的可持续、可实现的道路”。

他们指出：

“……美国总统在 2004 年签发了太空探索蓝图计划，指出 NASA 必须‘探索新技术并着眼于月球的丰富资源来使载人任务适应于更加富有挑战性的环境’。关于利用宇宙资源，探索者不再像阿波罗计划那样事无巨细都要从地球携带，这样减轻从地球出发的质量的同时还能保证运载火箭完成同样的功能。”

这种说法当然是给 ISRU 罩上了一层官方的保护伞，但回避了主要的技术基础问题。和之前类似，这种说法的含义是，既然能减少从地球携带资源的质量，ISRU 自然值得开发。他们并没有研究过，资源的探测究竟要花费多少，研发 ISRU 的投入相比于从地球携带资源的减少量的价值又如何。在文章中他们还提到：

“原位资源利用的目的，是通过探索实现资源的控制与利用，来提供产品和服务，以便降低机器人或载人任务中的初始质量、费用支出和风险系数，摒弃从地球携带全部物资的观念，开发新思路。ISRU 开发的直接目的在于大大降低载人登陆和返回月球与火星的花费，而后建立可长期自给自足的载人太空环境，扩大探索领域，实现商业化航天道路。”

这里，他们提到了减少费用的目的，但是显然并没有将研发ISRU的投入计算进去。而且，在这个关键时刻提出自给自足的目标，显得遥远的不切实际。

2011年，桑德斯、拉森和皮卡德（Picard）曾对计划的构想有些怨言，“只力图着眼于前期费用最少，根本不考虑系统生命周期和长期维护。”言外之意是说如果前期对ISRU投入多一些的话，整个生命周期内的回报率会大大增加。如果能证明任务周期内节约的总费用超过前期费用的话，那这可能就是真的，他们看上去是正确的。对月球极地水冰或者火星表面的H_2O的开发可能会非常昂贵，而基地的产出价值非常有限。2007年，桑德斯等人声称，ISRU会显著地减少费用、质量和降低地球之外持续性的载人任务的风险，这可能是真实的，关键看怎么理解“持续性的”。但是短期内包括对月球基地在内的载人任务并没有证明上述理论的正确性。

在过去的三十年中，NASA指挥部修订了新技术实现目标的术语。大多数时间里，这个目标被描述为一项突破、史无前例的、高回报率的、具有颠覆性的。最近几年这个词演化为“重新洗牌”。为了获得NASA的资金，拉森、桑德斯和扎克施特德（Sacksteder）在2010年声称ISRU是一项“改变游戏规则”的技术。毕竟，改变游戏规则是NASA目前唯一的一场游戏。

扎克施特德和桑德斯在2007年提到：

“原位资源利用技术是收集、加工、贮存和使用原位资源，来支持载人和机器人太空探索中的关键任务，以降低从地球携带资源的整体费用和风险。”

然而，他们并没有提到ISRU的风险和花费，他们继续声称：

“有关在火星和月球任务中应用ISRU所需的费用和优势的研究已经很丰富了……”

第 2 章　火星 ISRU 技术

2.1　火星资源

在火星上进行 ISRU 主要包括生产用于从火星表面起飞的推进剂以及用于生命支持的水和氧气。火星土壤中包含氧，但处理火星土壤的过程非常困难。火星表面大气无处不在，约 95%是 CO_2，这是氧和碳的主要来源。然而，火星大气平均压力小于一个地球大气压的 1%，因此，需要将 CO_2 压缩 100 倍用于实际化学反应。为了将 CO_2 中的碳、氧分离，还需要一种还原剂。氢显然是很好的选择，当氢和 CO_2 发生反应后，可以生成 CH_4 和 O_2。然而，氢在火星上非常稀少。尽管从地球向火星运送氢在技术上是可行的，但由于质量、体积和能源需求太大，实际上很难实现。在火星上获得氢后进行贮存更加困难。种种迹象表明，在火星很多地区的近地表可以获得 H_2O，一旦这一结论被证实，开采 H_2O 将是一条可行的技术途径。在这种情况下，近地表可开采的 H_2O 和压缩的火星大气可作为 ISRU 处理中碳、氢和氧的切实可行来源。

2.1.1　火星大气

火星大气是火星的重要资源。火星大气的主要成分包括：

二氧化碳	95.32%
氮气	2.7%
氩气	1.6%
氧气	0.13%

一氧化碳	0.07%
水蒸气	0.03%
氮化物	0.013%

火星的大气压强取决于当地的海拔高度和季节，平均值大约为0.006个大气压。许多火星ISRU都是利用大气中的CO_2，但CO_2必须进行大幅度的压缩，从而将化学反应容器的体积减小到可控制的尺寸。压缩的CO_2作为原材料送入到反应炉中进行化学处理。一些计划还提出收集N_2和Ar等惰性气体作为生保系统中氧气的稀释剂。还有一个计划提出可在火星大气中回收少量的H_2O。

在利用火星大气中的CO_2时，必须设计能够过滤掉尘土的进气系统，以防止灰尘在化学处理系统中制造麻烦。

2.1.2　火星近表面的H_2O

在附录C中，拉普（Rapp，2007）全面回顾了关于火星某些区域近地表面存在H_2O的证据。H_2O在高纬度地区以冰的形式存在，在低纬度地区以冰或者表岩层中矿物水化物的形式存在。因此，“近地表面”指的是火星表岩层顶部到地下最多2 m的地方。

理论模型和实验数据的结果非常有力地说明了近地表面的H_2O在火星高纬度地区分布广泛，并且试验数据显示H_2O在某些区域已接近赤道纬度附近。

（1）均衡模型

我们可以通过观察极地冰盖和测量大气中水蒸气的浓度来直接了解火星上H_2O的存在。水蒸气与寒冷多孔的地表相互作用，可能是火星表层以下H_2O的来源（取决于温度和水蒸气浓度），它将H_2O沉积到多孔的地下或者是汇集从火星表层以下蒸发的H_2O。这一过程已经被许多科学家进行了模拟验证。

在火星上的任何一个地方，如果近地表以下的温度足够低，在这个温度下，水蒸气的压强比大气中水蒸气分压要低，水将向穿透表岩层方向扩散并在地表以下凝结成冰。这是一个相当漫长的过程(数十到上千年)，但速度比地轴倾角周期要快，足够地下冰和空气中的水蒸气之间进行大量的转换。

一些区域，在近地表以下的温度足够低、水蒸气的大气分压足够高的条件下，地表以下就会形成冰。地下冰可以稳定存在的最小深度，取决于温度变化，是指温度从表层温度下降到更深地下的渐近温度。许多作者给出了温度廓线（取决于地表以下的热惯量）的详细计算，他们预测了在各种土壤特性和纬度情况下冰保持稳定状态的最小深度［详见拉普（Rapp，2007）］。

虽然在细节上不同作者之间存在差异，但基本的模型框架相似，总体概括如下：

1）在赤道区域（－30°～＋30°纬度之间)，年平均气温太高，大气中水蒸气浓度太低，这样的条件下无法使地表下的冰保持热力学稳定。在这个区域的地下冰将会逐渐地升华。然而，有一种可能是在以前冰川时期沉积下来的冰需要经过很长时间才能消失，并可能在一段时间里保持在一种非平衡状态——有可能在现在仍然存在。

2）在火星两极附近，全年温度足够低，平均水蒸气浓度足够高，这种条件下可使得火星地表或者地表以下的冰保持稳定，表面冰盖范围随着季节增大和缩小。在北半球的夏天，大量的冰升华，提高了北半球大气中水蒸气的浓度，而在南半球的影响较小。

3）从火星极地到赤道，纬度的影响越来越明显（大约在纬度50°～60°范围内，这主要取决于土壤特性、当地温度、当地水蒸气浓度和山坡等)，地下冰保持稳定的深度随着纬度的降低急剧增加。

4）如果表岩层像预想的一样具有多孔性，并且对火星水蒸气和温度的测量正确，那么在高纬度地区，在物理化学规律的影响下，将会在表岩层的空隙中形成大量的地下冰，并且近地表冰发生不稳定变化的分界线随着地域、土壤特性和当地天气发生变化，这种现象可能发生在纬度50°～60°范围内。地下冰的生成比率取决于未知的地表以下特性。

5）这些结果对当前平衡地下冰稳定性有显著的影响。相比于过去，火星轨道倾角更大，大倾角轨道增强了极点的太阳光照升温能力，降低了温带的太阳光照升温能力。在那时，火星近地表水可能十分稳定的存在，并且温带可能有相当多的地下冰。此外，二分点岁差周期的影响将使水在南北极间往返运动，可能使得地下冰沉积在往返路径上的中纬度地区。

（2）以前冰川时期

根据附录B中拉普（Rapp，2007）所述，火星轨道在过去的几百万年里经历了相当大的变化。最重要的因素是地轴倾角的变化，但与偏心率变化和二分点岁差周期变化也存在相关性。这些变化主要改变了太阳能在火星纬度上的分布情况，潜在地影响了在这期间火星 H_2O 资源的重新分布。

梅隆和贾科斯基（Mellon，Jakosky，1995）发现火星地轴倾角的平缓变化可将地下冰稳定存在的地理边界从赤道向纬度70°转移；并且水蒸气的扩散速度足够快，在数千年或者更少的时间里，在这些地区造成了相似且显著的地下冰分布变化。据估计，由于大气层的水交换速率比火星地轴倾角的变化速率快，在1～2 m的火星表层中，地下冰含量发生很大的变化。他们对火星倾角发生变化的大约100万年的时间里的火星近地表地下冰的行为进行了分析，指出火星气候对火星地轴倾角变化做出了两个主要的反应：1）由于太阳照射量相对纬度的再分布导致了温度的改变；2）在高倾角期间，增加了夏季极地冰盖的水升华，增加了大气层的含水量，影响了在不同纬度地区大气与表岩层进行水交换的过程中水蒸气扩散流动的速率和方向。结果表明，大气水丰度的增加比赤道和中纬度地区地下冰的温度变化更重要。用一个综合的热/扩散模型可以在地图上标示出地下冰的形成和减少，它是以深度、纬度和火星轨道历史数据为参数的函数。他们的模型描述了冰稳定存在的区域和时间段，以及冰不稳定的区域和时间段，但先前沉积的冰因没有足够的时间让它升华而仍然残留。

根据这个模型，火星地轴倾角为 32°时，大气中平均水蒸气丰度约为现在火星地轴倾角 25.2°时的 35 倍。这将确保在所有纬度地区地下冰可以稳定存在的冰点温度从约 195 K 提升到了 218 K。由于水蒸气压力与温度存在非线性相关性，与水蒸气在火星表面的扩散直接相关，当火星进入地轴角度增加的周期内，地下冰将向低纬度地区快速扩散，当火星地轴倾角足够大时，全火星都存在稳定的地下冰。随后，火星地轴倾角随着时间逐渐减小，近表面地下冰由于升华而大量减少。因此可以得出结论，在过去的百万年里，地下冰广泛稳定存在的时期和只在高纬度地区稳定存在的时期是交替出现的。因为在过去的 30 万年里，火星地轴倾角的波动很小，这一时期被认为是火星地轴倾角罕见的稳定时期。

值得注意的是这一研究表明："冰在火星地轴倾角较大时，沉积的速度比倾角较小时消失的速度更快"。因此冰床深度曲线具有急剧减少的特征。在火星地轴倾角较大的初期阶段，其形状呈现典型的减小趋势；随着火星地轴倾角的减小，曲线就像一个长的"尾巴"一样延伸出去。这一现象的出现是由于当火星地轴倾角减小时，较低的地表下温度降低了温暖时期水蒸气的压强和扩散速率。这一研究提供了大量的数据，却很难简要概括他们所有的发现。他们将地下冰稳定存在的区域和深度表示为以火星地轴倾角为参数的函数。

张伯伦和博因顿（Chamberlain，Boynton，2004）深入研究了在过去火星轨道倾角变化的历史时期里地下冰可以稳定存在的条件。他们采用了热模型和水蒸气扩散模型。热模型确定了在火星年的不同时间里，不同地下深度的温度。地表下的温度表示为纬度、反射率和热惯量的函数。热模型确定了地表下地下冰变成稳定状态的深度。如果"冰床"的顶部水蒸气的密度与大气中平均水蒸气的密度相同，地下冰将保持稳定。水蒸气扩散模型认为水是可以移动的。根据热模型中的温度参数可将 H_2O 的状态划分为三个阶段：水蒸气态、吸附状态和冰态。水蒸气仅仅是流动阶段，吸附状态的水减缓了水蒸气的扩散。水蒸气的扩散模型可以有少冰和多冰两种初始条件，要进行长期的运行来证实冰稳定存在深度的长期演化过程。就像地表下冰分布的变化一样，地表下的热特性也发生改变。当土壤中的空隙被冰填充时，土壤的热导率增加。水蒸气扩散模型通过热模型进行迭代来更新冰重新分配的温度剖面。张伯伦和博因顿（2004）给出了一组在不同火星地轴倾角条件下，地下冰稳定性相对于纬度的数据结果。火星地轴倾角在过去发生了很大的变化，采用了两组火星土壤属性：

1）光亮、沙土地面（反射率＝0.3，热惯量＝100 国际标准单位）；

2）昏暗、岩石地面（反射率＝0.18，热惯量＝235 国际标准单位）。

结果表明地下冰在火星地轴倾角较小时，在赤道纬度地区不稳定。然而，随着地轴倾角的增加，当到达某一个点时（取决于土壤属性），地下冰将发生从不稳定向稳定状态的不连续的过渡。根据这个模型，在光亮沙土地面的条件下，发生这个过渡过程的火星地轴倾角在 25°～27°之间，在昏暗岩石地面的条件下，发生这个过渡过程的火星地轴倾角在 29°～31°之间。当前火星地轴倾角为 25.2°，正处于某些赤道地区地下冰可以保持稳定存在条件的最边缘。根据拉普（Rapp，2007）中的附录 B 所述，在过去的百万年时间里，有几个时期火星地轴倾角达到 35°。甚至在过去的大约 40 万年里，火星地轴倾角达 30°；在仅仅大约 8 万年之前，火星地轴倾角是 27°。在这些时期里，照射到赤道地区的太阳能在冬季大量减少，照射到高纬度地区的太阳能在夏季大量增加，必定发生了近地表地下冰从高纬度地区向温带地区的大规模转移活动。在过去大约 5 万年里，火星地轴倾角小于等于 25.2°，这意味着在更早的时期沉积的地下冰正在升华、减少并向极地区域转移。然而，这些过程可能很慢，并且一些区域的沙土会极大地阻止这些过程的发生。因此，有可能在赤道带一些非常光亮、低热惯量的地区，仍有过去地下冰的残余，并一直保留到现在，特别是在向极区方向倾斜的表面区域内。这可能解释了火星奥德赛探测器观测到在近赤道带某些区域内水含量较高的现象。

（3）火星轨道观测

奥德赛火星探测器利用了一个伽马光谱仪来探测火星表面米级深度中氢的存在，设备和测量的详细信息参见拉普的研究报告（Rapp，2007）。氢的存在被人们解读为是由于存在某种形式的水。他们预测了火星大部分地区半米以上土地外层的水含量。奥德赛火星探测器的伽马光谱仪对全火星地面以下约 1 m 深度的 H_2O 含量进行了测量，探测范围为 5°×5°（300 km×300 km）。这些测量提供了可以预测近地表地下冰在高于 55°～60°的高纬度地区普遍存在并分布广泛的模型。数据也预测了近赤道区域 H_2O 浓度相对较高（8%～10%）的地方，地表反射率高，热惯量低，这预示在以前冰川时代缓慢消退过程中遗留下来的地下冰可能仍然存在于火星的近表面区域。

赤道附近区域存在高含水量（8%～10%）是一个谜团。一方面，热力学模型预测在广阔的赤道区域地下冰在接近地表的地方处于不稳定状态，另一方面奥德赛火星探测器的数据暗示了地下冰的存在。这有可能是在早期火星地轴倾角较大时遗留下来的亚稳态地下冰，或者可能是土壤中含有大量包含结晶水的矿物盐。事实上，这些区域与高反射率、低热惯量的区域非常一致，这表示确实有地下冰。而且，奥德赛火星探测器数据的像素尺寸对应几百千米，对应大像素的 8%～10%的水含量的平均值有可能是由于分散在干旱背景下的较小的局部水浓度高的地下空腔引起的（由地表特性和斜坡特性引起的）。过去的百万年里，火星地轴倾角、偏心率、二分点岁差等因素造成了火星太阳光照的多变，在高纬度和低纬度地区变化非常大。当然，地下冰在这段时期内从极地向温带转移，尽管温带地下冰的热力学特性不稳定，但当前在某些区域仍有可能存在这种冰。为了给过去时期残余的地下冰一个合理的解释，在过去的一万至十万年里，地下冰的沉积速度一定要比表面的升华速度快。

贾科斯基等人（Jakosky et al.，2005）分析了表岩层水丰度与可能控制过去冰川时期遗留的地下冰稳定性的每一个物理特性之间的定量关系；这些区域的大气中出现了水蒸气的峰值和平均值，表面温度较低，处于当地面向极地斜坡的北侧，热惯量低，并且反射率高。他们发现水丰度与任何一个或一组参数之间都缺少明显的统计学相关性。他们得出结论：没有充分条件和参数可以保证高的水含量。然而拉普（Rapp，2007）指出，高含水量的一个必要条件是高含水量的赤道地区具有更高峰值的水蒸气浓度，较低的地表面温度，位置处于北极-斜坡顶部，并且在某种程度上热惯量较低，反射率较高。只有这样的赤道地区才有可能存在高含水量。另一方面，某些赤道地区满足这些条件却没有高含水量，因此这些条件是赤道高含水量的必要条件，而不是充分条件。

（4）环形坑的形态

火星上环形坑的形态表明在地表以下可能贮存了大量的冰。如果这一推断正确，那么这些储藏很可能是其所有地下冰形成的来源。对于这一事实，仅有少量的模型进行了研究。斯图尔特、阿伦斯和奥·基夫（STewart，Ahrens，O’Keefe，2004）发现，许多火星环形坑具有似乎是融化了的冰形成的喷出物覆盖层。

拉普（Rapp，2007）回顾了2006年提出的一个话题，大的火星环形坑有典型的喷射物覆盖层，并且一些环形坑在外端含有明显的低山脊或断崖。这些类型的环形坑被称为是“围墙”环形坑。通过观察，总体来说，围墙环形坑描述了火星新环形坑非常小的一部分。火星上大多数的环形坑退化成已不再显示喷射物的形态。但是在那些显示喷出物覆盖层和围墙的环形坑中，多层喷射物形态占据主要部分。在当地任何区域，围墙环形坑的直径不会低于环形坑的初始直径 D_0，初始直径会随着地点的不同而发生变化。因此，举例来讲，在一个初始直径 D_0 恰好是4 km的区域，所有直径小于4 km的环形坑将缺少边缘的流动，有着月球环形坑一样的外貌；直径大于4 km的环形坑将主要是围墙环形坑。虽然有一种对围墙环形坑形态

外，还在于 S/E 反应在较低温度环境（200～300 ℃）下达到平衡状态，而 RWGS 反应达到平衡状态的温度则高得多（>600 ℃）。如果采用合理的催化剂，使得这两种反应都能发生，则低于 400 ℃时主要发生 S/E 反应，生成 CH_4+2H_2O；而高于 650 ℃时，CH_4 生成量降至 0，主要发生 RWGS 反应，生成 $CO+H_2O$；在 400 ℃至 650 ℃之间存在一个过渡区，此时两类反应均发生。在过渡区内，当温度由 400 ℃上升至 650 ℃的过程中，CO 生成量快速增加，CH_4 生成量急剧减小。然而，无论温度在该区域内如何变化，大约有一半的 CO_2+H_2 不发生反应。

图 2-1 显示了平衡状态条件下，反应物和生成物中各种化学组份的流速随温度变化的情况，前提条件是以 44 mg/s 输入 CO_2，以 2 mg/s 输入 H_2，每个总量是 1 毫摩尔。图中需要注意的是在按温度变化比例减少 CO_2 的流速之前，已将 CO_2 的流速减少了一半。对于 RWGS 和 S/E 反应来说，都可以在反应器中达到催化平衡状态，对于 RWGS 来说，CO_2 与 H_2 的比例是适当的。而对于 S/E 反应来说 CO_2 过量 4 倍。由于 CO_2 过量，当 S/E 反应大量发生时，几乎所有的氢均参与反应。

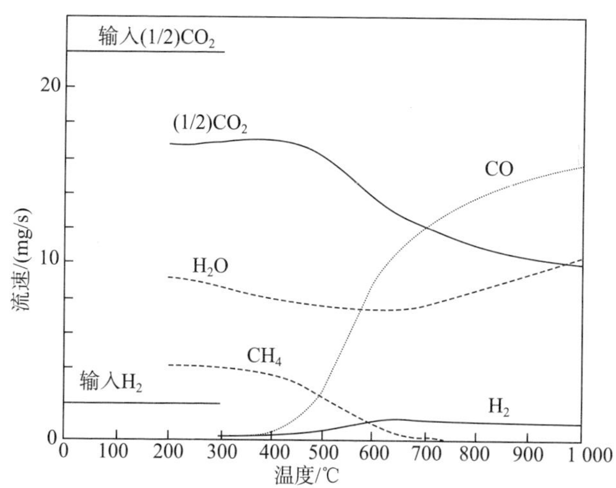

图 2-1　反应物和生成物中各种化学组份随温度的变化

在较低的温度条件下（200～300 ℃），几乎所有的氢都用于生成甲烷和水，二氧化碳减少相应的量值。这一区域为S/E反应区域，此时未生成CO。相反地，在高温区域（>650 ℃），CO和H_2O是主要生成物，甲烷生成量极少，但几乎一半的二氧化碳和氢未参与反应，而随生成物一起流出，这是RWGS区域。

祖布林、弗朗基和基托等人（Zubrin，Frankie and Kito et，al.，1997，1998）开发了一种铜-氧化铝催化剂，可催化RWGS反应，同时避免S/E反应的发生。祖布林指出，如果没有S/E反应的发生，则RWGS反应的平衡温度可以降低。例如，在400 ℃时RWGS反应的平衡常数是0.1，则在某反应器中，气压满足以下平衡关系

$$K=\{p(H_2O)p(CO)\}/\{p(CO_2)p(H_2)\}=0.1$$

设$p(CO_2)=p(H_2)=x$且$p(H_2O)=p(CO)=1-x$，当总压力为2 bar（1 bar=100 kPa）时，组份压力可由下式计算

$$x^2/(1-x)^2=0.1$$

即

$$p(CO_2)=p(H_2)=0.76\ \text{bar}$$

$$p(H_2O)=p(CO)=0.24\ \text{bar}$$

达到化学平衡时，$\{CO_2+H_2\}$转化为$\{H_2O+CO\}$的转化率仅为24%。每生成1 mol的水，约有3 mol的氢未发生反应。若将反应后的气体混合物排出并将水冷凝收集，则每生成1 mol的水，则有3 mol氢排出。若不计损失量，所生成的1 mol的水经电解，又产生0.5 mol的氧。经上述分析可知，在400 ℃工况下，通过RWGS过程，每生成1 mol的氧将耗费6 mol的氢，而通过S/E过程生成1 mol的氧将耗费2 mol的氢。可以看出，RWGS过程H_2消耗量远大于S/E过程。

祖布林、克拉普和梅耶尔等人（Zubrin，Clapp and Meyer，1997）针对提高生成效率提出了几点建议：

1）在反应器中加入过量的CO_2，促使H_2完全消耗，然后将过量的CO_2分离，将废气中的CO_2加入反应器中循环使用。

2）反应器中加入过量 H_2，促使 CO_2 完全消耗，然后将过量的 H_2 分离，将废气中的 H_2 加入反应器中循环使用。

3）利用冷凝器或干燥剂去除反应器中的水蒸气，促使化学平衡向生成水的方向移动。

4）将1）和3）结合。

5）将2）和3）结合。

针对方法1）和方法2）中涉及的物质分离与重复利用方法，祖布林、克拉普和梅耶尔等人（Zubrin，Clapp and Meyer，1997）还提出，使用特殊薄膜将指定的组份渗出，通过薄膜的气体经压气机压缩，达到入口所需的压力后传输至反应器中。该方法的缺点是系统复杂，且存在薄膜失效或被反应器出口气流中的其他组份污染的风险。(例如，CO 会对传统全氟磺酸（Nafion）薄膜系统造成污染。）然而，这类薄膜已经在祖布林、弗朗基和基托等人（Zubrin，Frankie and Kito et，al.，1997）的工作中得到了应用。

方法3）意味着，为了促使 RWGS 化学平衡向生成 $CO+H_2O$ 的方向移动，必须从反应器中去除其生成的 H_2O。其原理图如图2-2所示。

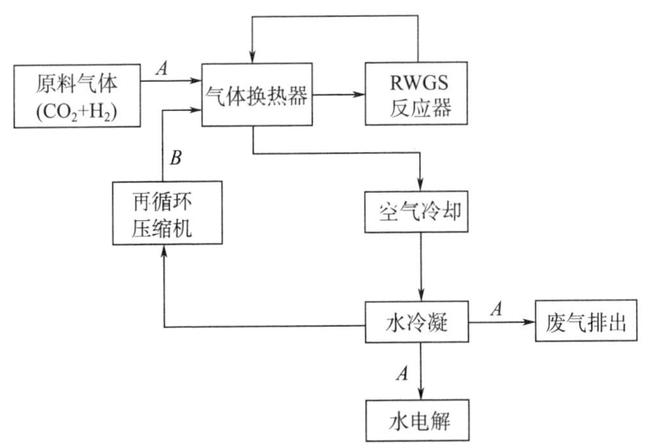

图2-2　再循环 RWGS 系统原理图

由图 2-2 可以看出，摩尔流量为 A 的原料气体持续加入某再循环 RWGS 反应器，从而生成一定量的 H_2O。同时，摩尔流量为 B（B 远大于A）的循环气体加入反应器。此时，摩尔流量为 A 的废气与水蒸气的混合气体流出冷凝器。由于反应生成的 H_2O 以较高的流速不断排出反应器并在冷凝器中冷凝，平衡状态下再循环 RWGS 反应器中的水浓度比简易式反应器中大大降低。事实上，随着 B/A 比例的增大，水蒸气的压力趋于达到冷凝温度下的蒸发压力，此时反应器中的大部分气体为 CO。例如，当循环气体流速达到一定值，且水蒸气不断冷凝时，反应器中水蒸气压力可降低至约 0.01 bar。在这种情况下，平衡方程（单位为 bar）如下

$$K=\{0.01p(CO)\}/\{p(CO_2)p(H_2)\}=0.1$$

如果使用化学计量混合物，设 $p(CO_2)=p(H_2)=x$ ，可得

$$p(CO)=10p(CO_2)p(H_2)=10x^2$$

若总气压为 P_t(bar)，则

$$p(CO)\approx(P_t-2x)$$

$$p(CO_2)=p(H_2)=x$$

即有

$$(P_t-x)=10x^2$$

若 $P_t=2$ bar，则有

$$p(CO_2)=p(H_2)=0.36\ \text{bar}$$

$$p(CO)=1.28\ \text{bar}$$

因此，$\{CO_2+H_2\}$ 转化为 $\{H_2O+CO\}$ 的转化率增加至 1.28/1.64=78%。也就是说，每生成 1 mol 的水，会排出 0.22 mol 的氢。如前所述，1 mol 的水可电解生成 0.5 mol 的氧。因此，加入循环后，每生成 1 mol 的氧所需的氢由原来的 6 mol 降低为 1/0.78=1.3 mol。可以看出，加入循环 RWGS 过程的氢消耗量小于 S/E 过程。

值得注意的是，若 P_t 增加至 10 bar，则 $x\approx0.9$，$P_t-2x\approx8.2$，CO 转化率将提升到 90%。此时 H_2 消耗量还将减小至 S/E 过程的 1/10。

再循环过程的代价包括：

1）需要引入再循环压气机，用于克服反应器及换热器的压力损失；

2）换热器热损失。

综上所述，祖布林及合作者提出了提高 RWGS 反应器中氢气转化效率的 3 种途径：

1）冷凝水，从而减小水蒸气压力，同时循环利用 $CO+CO_2$；

2）利用过量氢促使平衡反应向生成水的方向移动，同时利用薄膜回收未发生反应的氢；

3）增加反应器中的压力。

一般地，转化率可通过如下步骤计算。设总压力为 P_t，原料中 H_2/CO_2 的比率为 R。假设反应器中经冷凝及循环后的有效水蒸气压力保持为 0.01 bar。则 400 ℃下的平衡关系为

$$p(CO) \sim P_0\{x/(1+R)\}$$

$$p(CO_2)=P_0[(1-x)/(1+R)]$$

$$p(H_2)=P_0[R/(1+R)]-P_0[x/(1+R)]$$

$$p(H_2O)=0.01\ \text{bar}$$

$$P_t=P_0-P_0x/(1+R)$$

式中，P_0 为不发生反应时的总压，因此

$$x^2-x[(0.1/P_0+1)(1+R)]+R=0$$

该方程的计算结果如图 2－3 所示。从图中可看出，随着压力的增加，$CO_2 \Rightarrow CO$ 转化效率增加，但当压力超过 3 bar 后，转化效率增加不明显。随着 H_2/CO_2 比率的增加，$CO_2 \Rightarrow CO$ 转化效率增加，但当 H_2/CO_2 的比率超过 2 后，转化效率增加不明显。设某工况反应器内总压为 2.5 bar，H_2/CO_2 比率为 2，$P(H_2O)$ 为 0.01 bar，反应温度为 400 ℃，则 CO_2 利用效率大于 90%。该工况需要 H_2 分离薄膜及 H_2 压气机。

祖布林、弗朗基和基托等人（Zubrin，Frankie and Kito et，al.，1997）研制了 RWGS 反应器样机，并开展了试验研究，结果与图

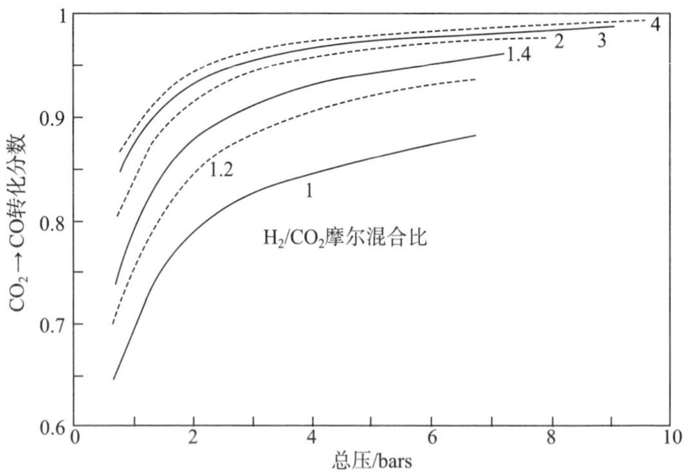

图 2-3 RWGS 反应转化效率随总压及气体比率的变化关系

2-3 所示的曲线一致。

RWGS 反应流程图如图 2-4 所示。RWGS 反应流程复杂，其过程控制应特别注意保证流速及换热速率的合理性。

RWGS 反应系统仅从每个二氧化碳分子中使用了一个氧原子，故一个 CO 分子被排放出来。若想要达到与 S/E 过程相同的转化效率，CO_2的压力需要增加 2 倍。假设 S/E 过程的转化效率为 0.95，RWGS 过程的 CO_2转化效率为 w，则 RWGS 过程的加压 CO_2需求量为 S/E 过程的 $(2\times0.95/w)$ 倍。需要注意的是，如果 RWGS 过程使用的反应器压力较大，则对用于压缩 CO_2的压气机的要求将会更高。

RWGS 反应系统应用于为丙烷等燃料供氧具有独特的优势，其中，丙烷燃料可从地球携带。在丙烷/氧燃烧过程中，氧占总推进剂质量的 75%～78%。因此，即使 RWGS 反应系统仅产生氧，其作用也是显著的。如果可以通过适度增加氢回收率进一步提高转化效率，那么氢的需求量将会减少。RWGS 反应系统还可与 S/E 反应系统联合使用——S/E 反应系统生成 1 mol 的氧以及 1 mol 的甲烷，RWGS 反应系统生成 1 mol 的氧，因此，一共生成 2 mol 的氧以及 1 mol 的

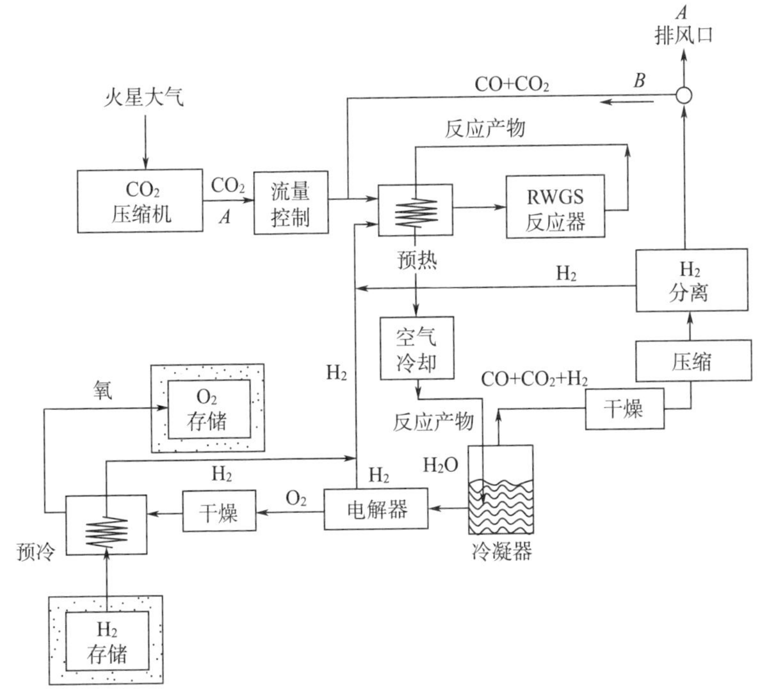

图 2-4　RWGS 反应流程图

甲烷。祖布林建议将 S/E 过程与 RWGS 过程在一个反应器中联合使用，但实际应用难度较大。

祖布林、弗朗基和基托等人（Zubrin，Frankie and Kito et，al.，1997）等人在先进航天领域针对 RWGS 反应所需的催化剂开展了研究。研究表明，γ-氧化铝＋10%铜具备优良的性能。通过利用该催化剂填充的反应器开展试验研究可以发现，反应产生高纯度的 CO，几乎没有其他副产物。非再循环系统的转化效率随流量变化而变化，当流量最低时，转化率降到 20%；当反应温度为 400 ℃时，平衡转化率达到 24%。针对再循环系统也开展了试验，虽然有大量参数难以确定，特别是再循环流量与出口流量的比值（B/A）会对试验结果产生影响，但试验结果符合图 2-3 所示的规律。显然，当 $B/A \Rightarrow \infty$，试验结果将与图 2-3 一致，但此时系统功耗也将趋于∞。

霍拉迪等人（Holladay，2007）提出一种 RWGS 过程的微通道装置。考虑到火星 ISRU 任务要求生成气体体积较大，这种微通道反应器的必要性还有待进一步讨论。此外，虽然几乎所有的大气采集系统在入口处均采用了简易的过滤系统来减小火星尘埃进入反应器的概率，但火星尘埃进入反应器内部仍难以避免，因此，保证充足的反应器体积来降低星尘的影响是十分必要的。尽管如此，霍拉迪等人（Holladay，2007）针对微通道反应器中的 RWGS 过程开展了研究。研究结果表明，反应温度为 600～700 ℃，该反应器的转化效率可达到 35%～45%。在去除反应器中水的情况下，转化效率可提升至 50%。

2.2.2 固态电解

2.2.2.1 概述

二氧化碳固态电解过程中，需要使用氧化钇-稳定二氧化锆（yttria - stabilized zirconia，YSZ）离子导体。与传统金属利用电子导电不同，YSZ 通过带负电的氧离子导电。渗杂的晶格中含有“小孔”，当 YSZ 被施加电场时，离子可沿晶格传输。电场通过在 YSZ 两端安装多孔金属电极产生。在固态电解电池（solid state electrolysis cell，SSEC）内，热 CO_2 与阴极的催化剂接触，从而发生分解。与阴极接触的氧原子携带电子形成 O^-，并通过 YSZ 传输至阳极，形成纯氧。YSZ 作为固态离子导体的研究已开展了几十年的时间，其典型工作温度是 900～1 000 ℃，因此，所有电池组件的材料都至关重要，而且边界密封非常难；特别是，当电池采用太阳能供电导致其必须经历昼夜交替的反复热循环的时候，尤为困难。

多年来，大量实验研究仅限于外涂多孔铂电极的 YSZ 管的应用（Richter，1981），但后期研究工作主要关注更加紧凑的平圆盘几何形状。

当前研究表明，YSZ 平圆盘是固态电解实际应用的最佳途径。

研究人员设计了单 YSZ 圆盘并进行了测试，结果显示单 YSZ 圆盘难以提供足够的表面积。因此，YSZ 反应堆的概念被提出，其原理图如图 2-5 所示。通过建立若干单片单元，形成反应堆，并对其性能进行测试，得出了良好的 $I-V$ 性能。然而，密封性及热循环环境下的适应性仍然是亟待解决的问题。目前尚未见反应堆成功测试的文献报道。

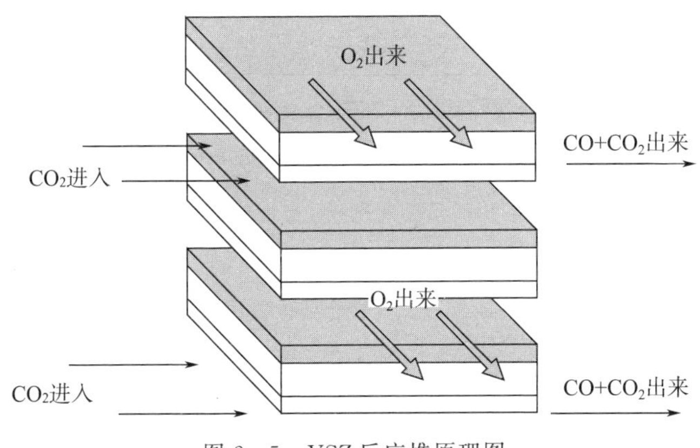

图 2-5　YSZ 反应堆原理图

随着温度的升高，YSZ 电阻率显著下降，因此，YSZ 必须在高温环境工作（大于 950 ℃为宜）。由于 YSZ 电池需要热能和电能输入，所以可利用 YSZ 的有限电阻率，原位产生 I^2R 的热量。YSZ 的电阻值取决于其电阻率及其单片厚度。对于薄 YSZ 单片，在较低的温度下即可达到与厚单片在较高温度下相同的电阻值。

电流与氧气流量的关系如下

$$1\ \mathrm{A}=0.325\ \mathrm{g/h}(\mathrm{O_2})$$

因此产生 0.325 g/h 氧气所需的能量值（单位为 W）即等于施加在 YSZ 单元两端的电压值（单位为 V）。

对于由大量单片串联组成的 YSZ 反应堆来说，经过每个单片的电流值 I 均相等，每个单片的压降为 V 。则氧气生成流量为

$$r(\mathrm{O_2})=0.325I$$

其中，流量 r 的单位为 g/h，电流 I 的单位为 A。

所需的能量为

$$P = VI$$

若某系统可产生 160 g/h 的 O_2，则所需的电流为 492 A。YSZ 单片的最优电流密度为 0.3～0.5 A/cm^2。取电流密度为0.4 A/cm^2，则所需的 YSZ 面积为 1 230 cm^2。若 YSZ 单片面积为 8 cm×8 cm，其有效面积约为 50 cm^2。因此，为满足氧气产生量 160 g/h 的需求，共需要 25 片 8 cm×8 cm 的单片。一个全尺寸系统可由大量 YSZ 单片以反应堆的形式组成；也可将每 8 个 YSZ 单片组装为一个反应堆，进而由若干反应堆组成一个全尺寸系统。

YSZ 反应堆所需的能源取决于施加在其两端的电压。通过实验可知，随着温度及电压的升高，电流密度（A/cm^2）也相应地升高。通过这一途径，可以减小 YSZ 的面积，从而研制更加紧凑的单元。然而，随着温度的升高，密封性及热循环环境的适应性问题更加突显。实验数据表明，对于某特定 YSZ 结构，为产生 160g/h 的 O_2，在 800 ℃环境下每个单片所需的电压约为 1.6～1.7 V，其能源需求约为 800 W。然而，通过改变电极设计可以降低电压需求。更重要的是，电压的需求随温度的升高而降低。因此，通过后续实验研究降低系统能源需求是完全可能的。

针对 YSZ 系统的重要挑战在于电极在 YSZ 单片上的应用。为保证氧气顺利通过，电极必须选用多孔结构，同时，YSZ 表面各处的电势必须均等。此外，氧原子在电极负极与电子接触，形成氧离子并在 YSZ 内传输，因此，电极负极还提供了一个接触反应的功能。一般情况下，铂是最常用的电极材料。在通常的设计方案中，YSZ 单片边缘支撑固定，此时，需保证通过薄铂层的压降从边缘到中心的一致性。有研究人员提出采用波纹铂板与铂电板相连，使得单片的横向电势相同，从而解决这一问题。对于边缘固定的 YSZ 单片，有必要尽可能保证横向电势相同，但薄铂片的电阻较大，边缘与中心之间的横向电势差较大，从而导致中心区域的制氧能力下降甚至失效。增大 YSZ 单片的厚度可以解决这一问题，但又使得氧气在电极内的传输变得困难。有研究人员提出采用带辐条的铂电极来保证沿表面的电势相等。尽管辐条本身增加了氧气通过的阻力，但它提供的电势可以使附近区域的电极产生更多的氧气。如何设计这样的辐条以及铂电极的厚度还需要进一步的分析。

针对 YSZ 电池工作的理论分析，专家们相继开展了大量研究工作）（Crow and Ramon hall，1996；Meyer，1996；Richter，1981）。

2.2.2.2　Crow 和 Ramohalli 的研究情况（1996—1997）

克罗和拉莫哈利（Crow，Ramohalli，1996）推导了平圆片 YSZ 电池结构中电势沿半径的表达式，进而得出沿电池厚度方向的电流与电导率、电极及电解液厚度的函数关系。将该电流除以电池表面电势均等状态下的理想电流，即得该电池的效率因子。经推导，可知效率因子为

$$\eta = \frac{\lambda}{R}\tanh\left(\frac{R}{\lambda}\right)$$

其中，λ 为特征长度，可通过下式确定

$$\lambda = \frac{2\sigma_{Pt} t_{Pt} t_{Zr}}{2\sigma_{Zr}}$$

式中　R ——圆片半径；

σ ——电导率；

t ——厚度；

Zr ——YSZ；

Pt ——铂。

设 $t_{Pt} = 10^{-5}$ m，$t_{Zr} = 0.8 \times 10^{-3}$ m，以及在 1 000 ℃时 $\sigma_{Pt} = 2.3 \times 10^{6}$ mho/m，$\sigma_{Zr} = 10.3$ mho/m。经估算，1 000 ℃环境下，半径为 0.5 英寸的圆片的效率因子 $\eta \approx 0.99$。

YSZ 电池的另一个重要影响因素是电极附近区域的 CO_2 流场。为保证有足够的 CO_2 转化为 O^-，流经 YSZ 电池表面的 CO_2 需保持持续且充足。在火星表面，需通过压缩机产生高压 CO_2，并尽可能

地贮存起来。如果 YSZ 电池的某些区域缺少 CO_2，则会导致这些区域无法产生氧，并且有可能导致发热不均匀。如果电压足够高，氧可能从 YSZ 晶格中逸出。因此，除了保证 CO_2 流量充足之外，还要保证 YSZ 电池表面各处的流量一致。在 YSZ 电池内，氧气产生速率（离子流）与 CO_2 流速存在如下关系：当 CO_2 流速超过某临界值后，离子流将保持恒定。当 CO_2 流速较小时，YSZ 电池的产氧率受流经电池的 CO_2 流速的限制；当 CO_2 流速较大时，产氧率受 YSZ 传导性的限制。一般情况下，当流速比临界值大 10%时，系统工作安全性最高。此时的流速称为最小工作流速（minimum operating flow rate，MOFR）。若将离子流（单位为安培）乘以 0.325 g/h 转化为 O_2 流速，则可以和 CO_2 最小工作流速比较，从而确定氧的利用效率。若进入 YSZ 电池的 CO_2 100%转化为 CO 和 O_2，则氧利用率为 50%，即 CO_2 中一半的氧转化为 O_2。若在最小工作流速工况下，电极室的气体混合物为 x%的 CO 及（100－x）% 的 CO_2，则氧利用率为 0.5x%。为产生与 S/E 过程等量的氧，YSZ 过程所需的压缩比是 S/E 过程的（200/x）倍。尽可能提高 CO_2 转化为 CO 和 O_2 的比例是可取的。从化学平衡的角度来看，反应所需的电压随着 CO 在 YSZ 电极一端积累而增加。YSZ 电池产生氧的速率与电流成正比，因此，产生特定流速的氧所需的最小功率随着 CO 转换效率的增加而增加。如果 YSZ 电池能够可逆工作，这是一个重要的考虑因素，同时必须在增加尺寸和 CO_2 压缩功率以及降低功率和转化率 x 之间做一个权衡，从而找到一个转化率 x 的优化值。在实际运行中发现，在 YSZ 电池中，当电压大于最小可逆电压时，电流密度随着电压升高而显著增大。从 YSZ 电池实用性考虑，要求电流密度尽可能大，从而减小系统尺寸。为了达到较高的电流密度，如0.3～0.5 A/cm^2，系统工作的电压将远大于最小可逆电压。这使得产生特定流量的氧所需的能量需求远大于可逆能量需求。实际可行的电压非常高，以至于关于可容许的 CO 转化的讨论变得没有意义。在实际运行中，当电压足够高能够维持 0.3～0.5 A/cm^2 的电流密度时，CO_2 转化为

CO 的比例可达到 80%～90%，甚至更高，而没有任何副作用[1]。如果调节工作温度和 YSZ 厚度，使得电池内产生的热量 I^2R 恰好与隔热单元的热损失平衡，那么能量需求就等于电压乘以电流，且电流等于由前述关系所得的氧流量。通过前述讨论可知，电压由多个因素决定。最新实验表明，1.6～1.7 V 的电压可以使系统有效运行，如图 2-6 所示。

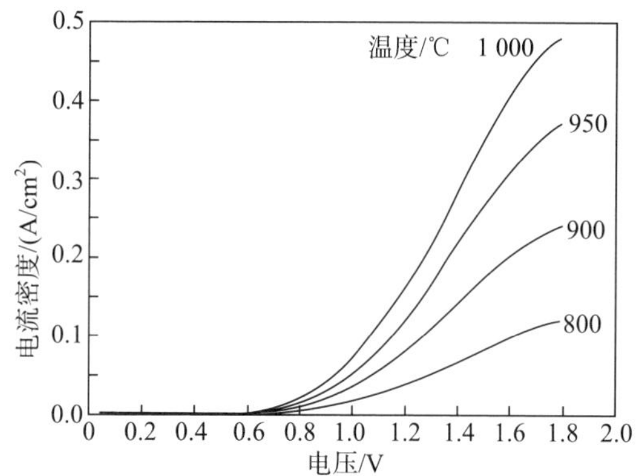

图 2-6　Crow 和 Ramohalli 得到的电流曲线（CO_2 流量为 60 sccm）

热循环给 YSZ 过程带来了巨大的挑战。如果某 YSZ 电池在火星表面利用太阳能工作，那么每天下午随着可用电能的减小，反应堆必须完全关闭。到了早晨，气体引入前，反应堆必须尽可能快地预热。最重要的是，电池不同部位的冷却速度可能不同，从而产生内应力。斯里达尔（Schwarz，1996）建立了一个氧化锆电池在火星昼夜循环环境下的温度模型。

此外，相比于单晶片 YSZ 电池，YSZ 反应堆还将面临一些额外的难点。当单晶片 YSZ 初次启动时，需要一个微妙的激活过程，使单晶片 YSZ 逐渐提升至全功率运行状态。当 YSZ 单晶片初次在高温环境下加电时，要经历几个小时甚至几天的一段时期，在这期间，它

---

[1] 据克罗和拉莫哈利所说，斯里达尔不会同意这个观点。他会争辩这样高的转化效率不会达到。

的反应存在不稳定现象。对于 YSZ 单晶片来说，这段“预热期”比较容易处理，而对于由许多单晶片串联而成的反应堆来说，则存在一定的问题。当 YSZ 单晶片串联形成反应堆后，诸多 YSZ 单晶片难以同时预热，可能导致部分单晶片电压过大，从而造成各种原因的失败。即使是在基本稳定的状态下，也不能保证每个单晶片的电阻达到相对平衡，并且，如果串联的电堆导致每个单晶片的压降不平衡，则必须采用并联的形式给每个单晶片加电。

综上所述，YSZ 反应堆最大的挑战在于：

1）保证其结构的稳定性，可承受晃动和振动；

2）在狭小的体积内提供较大表面积（这样，反过来需要一个复杂的多层平圆盘管路系统，从平圆盘的一面输入 CO_2，从相对的另一面输出 CO_2+CO，在每个 YSZ 单圆盘的相对独立的一面输出纯氧，如图 2－5 所示）；

3）可抵抗冷热循环引起的热冲击，特别是在环境温度升高时，可在约 60～90 分钟内迅速升高至工作温度；

4）在不脱层的情况下，在许多循环中，将采用与电解液保持完整和功能一致的电极（这些电极必须具有优良的径向电导率，边缘到中心的压降小。在过去，许多 YSZ 圆盘结构的反应推都受到压降的影响，使得单圆盘的中心比边缘部分不活跃，因此这些电极应该是多孔结构的，使其增厚以增加径向导电率并不简单）；

5）对边缘和关节进行密封，同时允许热膨胀和收缩，将基于陶瓷的 YSZ 与金属出口管路连接；

6）保证每个单晶片间的电阻相对平衡；

7）使用尽量高纯度的 CO_2，从而降低 CO_2 压缩机能力需求。

由于该过程仅产生氧（CO 的比冲太小，不适于用作推进剂），还需要从地面携带烃类或肼类推进剂，或者进一步将生成的 CO 与地面携带的烃反应，从而转化为更有用的推进剂。对于每 100 kg 的推进剂，其中包含大约 75 kg 氧气和 25 kg 烃。因此，通过在火星表面制造氧气，75％质量的推进剂可以从其大气中的 CO_2 中获得。

目前有文献报道了几种利用 YSZ 平圆盘反应堆的方法。其中，克罗和拉莫哈利（Crow and Ramohalli，1996）提出了一种名为“MOXCE”的方法（Crow，1997）。MOXCE 方法最主要的创新点在于其离子导体为 YSZ 单晶片切割而成的圆盘，这种圆盘可作为微电子工业的基板，具有商业用途。MOXCE 的另一个创新点是，YSZ 电池的另一组件是由约 10%～20%的铑铂合金制成的。铂的缺点是质量大、成本高，但它的两个重要优点使其成为优选的材料——不会与 YSZ 发生化学反应；铂的热膨胀系数与 YSZ 的热膨胀系数均为 1.0×10^{-5} ℃$^{-1}$，在工程精度限制内是一致的。其他金属材料均无法同时满足这两个条件。

MOXCE 设备是由单晶片 YSZ 和铂合金制成，不含多晶陶瓷。其关键优点在于牢固，其牢固性至少优于多晶片设备，可承受重复热循环而不损坏，且两次试验间设备可拆解。由于火星表面存在太阳光照循环，因此，对热循环的承受能力对于火星任务来说是必须的。

研究人员在 1 个大气压下运行了一套名为“MiniMOX”的微型设备。其阴极在下端，置于地面；阳极在上端，具有正电压。其圆盘是由摩尔百分比为 9.5%的氧化钇-稳定二氧化锆制成的单晶片。圆盘直径为 5 cm，额定面积为 19.64 cm^2。单元的外壁为厚度为 4 mm 的圆环，因此气体流通的可用面积为 13.85 cm^2。作为简单的概念验证实验，该设备未进行边缘密封，因此实验过程中还需考虑边缘的气体泄漏。此外，圆盘的有效面积还因一种电学现象的存在而进一步减小。电极的初始原料为铂墨，通过丝网印刷的方式涂于圆盘表面，再经煅烧，最后在 MiniMOX 设备内“磨合”20 个小时或更长时间，从而形成多孔结构。电极约 10 μm 厚，但多孔性在一定程序上使其径向导电率难以准确确定。无论导电率是否准确，从电极边缘到中心的压降是非常显著的。由于圆盘中心部位无法施加全电压，其电解有效性降低。因此，实际的有效面积可能要小于 13.85 cm^2。圆盘的厚度为 0.5 mm。

通过 MiniMOX 设备开展试验，证实了固体氧化物电解理论。

试验表明，当 CO_2 流速限制了电流时，可获得较高的转换效率。MiniMOX 设备经受了 8 个 740～1 000 ℃的热循环，以及 42 个 0～2 V 的电压循环，未出现失效现象。试验完成后，设备可轻易拆解，且 YSZ 圆盘无任何损坏。

由于 YSZ 圆盘外边缘仅采用压合方式与铂连接，而没有使用密封剂，部分气体通过边缘泄露，使得部分氧从阴极流向阳极。因此，相比于 CO_2 100%转化为 O_2 的情况，实测的离子电流更大。研究人员试图修正这一因素带来的影响，他们在设备运行时将氩气通入其中，并假设此时的离子电流即代表气体从边缘的泄露量。将两个试验所测得的离子电流相减，即得到如图 2-6 所示的最终结果。克罗和拉莫哈利提出，当温度和电压达到最高值时，该设备可实现 100%的 CO_2 到 O_2 的转换。除去一些次要的异常现象，MiniMOX 的试验结果表明，采用单晶片 YSZ 制成的电池具有热健壮性，并且具有接近理论预测的性能水平。结果同时表明，转换效率可接近 100%，但边缘影响给整个系统带来了一定的不确定性。[2]

继 MiniMOX 之后，研究人员设计了一个双电池系统 MOXCE 2，可实现生产速率的升级。MOXCE 2 的圆盘直径为 10.16 cm，约为 MiniMOX 圆盘直径的 2 倍。因此，MOXCE 2 产生氧的速率应为 MiniMOX 的 8 倍。MOXCE 2 的两个电池通过串联连接，因此电压随电池数的增加而增加，但电流设置为 MiniMOX 的 4 倍。对 MOXCE 2 进行了多次加热及冷却测试，且未出现副作用。此后，研究人员将反应堆加电从而激活电极，但并未正常运行。将电堆拆卸后发现其中一块圆盘产生裂缝，且前部电极产生了分层现象。由于关于该现象的理论支撑不足，尚不能确认产生该问题的原因。经推测，其原因可能是两个集成的晶片性能不一致，某一晶片的压降远大于另一个，从而导致其失效。该项研究由于缺乏 NASA 基金投入而终止。

---

[2] 据克罗和拉莫哈利所说，斯里达尔不会同意这个观点。他会争辩这样高的转化效率不会达到。

2.2.2.3　K. R. Sridhar 的研究情况（1990s）

美国亚利桑那大学 K · R · 斯里达尔于 20 世纪 90 年代开展了一项关于 YSZ 电池的持续性研究。这项研究由 Hamilton - Standard 公司资助，该公司致力于应用于医学及航空领域的、可分离空气制氧的微小型氧气泵的相关研究。尽管这类应用与火星 ISRU 有较大区别，但硬件设备还是有许多相同之处。Sridhar 将其氧气泵进行适应性改进，从而用于火星表面 CO_2 处理，采用了陶瓷圆盘，并用玻璃材料进行边缘密封。

斯里达尔建立了多个采用管状及平圆盘结构的 YSZ 电池，并和米勒（Sridhar and Vaniman，1994）运行了一个单圆盘电池（如图 2 - 7 所示）。他们并未说明如何将该电池的组件进行密封，也未说明三根陶瓷出口管道与金属接触处是如何密封的。基于一定的温度及外加电压，他们得到了 0.1～0.35 A/cm^2 的电流密度。相关文献未提及该电池的热循环承受能力。电流密度与电压的关系曲线在形式上与图 2 - 6 所示的类似，在 1 000 ℃，1.9 V 的工况下，最大电流密度仅低于0.4 A/cm^2。

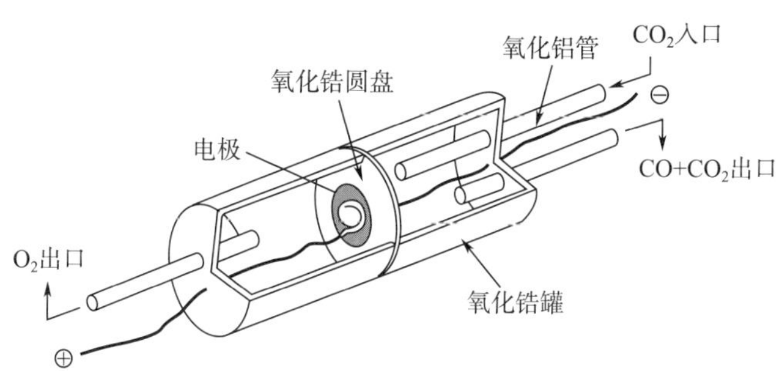

图 2 - 7　单圆盘 YSZ 设备（Sridhar and Miller，1994）

斯里达尔和瓦尼曼（Sridhar and Vaniman，1995）发表了该装置的进一步研究成果，如图 2 - 8 所示（见 P67）。研究结果表明观测到的电流与氧气流量相等，即1 A＝3.79 sccm＝0.325 g/h（O_2），因此证明未出现杂散电流。此外，结果显示该电池持续工作 1 000 至

2 000 小时后未出现显著的性能下降。然而，研究未涉及该电池对热循环的承受能力。通过绘制电池离子电流与 CO_2 流量的关系曲线可知，当 CO_2 流量足够大时，离子电流与流量无关；当 CO_2 流量小于某特定值时，离子电流随流量的减小而减小。该特定值即为质量限流点，在该点处，原料气体流量恰好足以将所有输入的氧提供给圆盘。如果流量小于该值，单元性能将会因为供氧量的缺乏而下降。因此，为保证质量限流不发生，流量必须足够大。一般情况下，此时 CO_2 转化效率在 30%～40%范围内。

斯里达尔认为，将转化效率提升至 40%～45%以上，同时保持入口端 CO_2 含量多于 CO 含量，是不切实际的。这似乎与克罗和拉莫哈利的研究结论冲突。但克罗和拉莫哈利的数据受了到边缘气体泄漏的干扰，转化效率究竟可以提升到多少依然不太清楚。

在后续工作中，斯里达尔还开发了陶瓷基 YSZ 电池，堆积形成多层晶片电池，但未对该设备的相关数据进行报道（Sridhar，1995）。斯里达尔的方法与 Suitor 所采用的方法（Suitor，1990）不同。它由陶瓷圆盘及其表面结构组成，在允许气体流通的同时，提供肋片与整个 YSZ 电池表面之间的电连接。这些圆盘堆积在一起形成一些空间，气体可在每个圆盘径向流通，也可通过排成一行的小孔在圆盘之间流通。整个结构通过玻璃密封。玻璃材料与 YSZ 材料在较宽的温度范围内，都具有相似的热膨胀系数。斯里达尔开展了大量建模工作，从而保证设备内部气流的一致性以及热量的一致性。遗憾的是，对于该设备在热环境状态下的性能及能力未见任何报道。

2.2.2.4 Allied Signal 的研究情况（1990s）

YSZ 的第三种技术途径采用了丝带压光薄膜与电极组合形成的类三明治结构。该制作方法是由 Allied Signal 公司开发的，它由生产含有 YSZ 薄膜电极（1～10 μm）的固体氧化物燃料电池（SOFCs）的工艺发展而来。对于固体氧化物燃料电池，采用 YSZ 薄膜电极可降低电阻损耗，从而在较低温度下保证运行效率（采用 YSZ 薄膜电极的工作温度为 700～800 ℃，传统工作温度为 900～

1 000 ℃)。降低工作温度的潜在优势包括电池材料可选范围增加，工作寿命增加，热应力减小，可靠性增加。

用于制造薄电极电池的丝带压光工序需要逐步压制绿色（未煅烧的）丝带，从而在支撑电极表面形成一层薄电解质。在该过程中，电解质（YSZ）和阳极层粉末首先通过有机粘合剂和可塑剂进行高强度混合形成类塑料物体。然后，类塑料物体通过碾轧机滚卷成丝带状。一定厚度比例的 YSZ -阳极丝带锻压成薄片，并卷入薄双层丝带。然后，该薄双层丝带与阳极砌合在一起，并再次卷入薄双层丝带。这一逐步轧制的过程可以以不同的丝带厚度比例反复进行，直到得到满意的 YSZ 薄膜厚度。一般来说，整个过程仅需要 3 次轧制，就可得到小于 10 μm 的 YSZ 薄膜。最后，将薄膜进行煅烧，去除有机物并烧结在陶瓷上。将阴极涂在烧结层上，从而形成一个完整的单元。需要注意的是，阴极可以与电解质和阳极轧制在一起从而形成三层结构。在这种情况下，不需要单独涂抹阴极的步骤，三层结构可以同时进行煅烧的步骤。

通过轧制的工序，可以制造这样的三层结构，它具有高密度 YSZ 中间部分及其两边的多孔电极。Allied Signal 公司制造了许多单晶片电池，并利用 CO_2 开展了试验。试验涵盖了多种电极厚度以及多种阴极和阳极材料组合。电极上加入了铂格栅来保证圆盘表面电势的一致性。通过电流-电压曲线，研究人员试验性地选择了一个 13 μm 厚 YSZ 电解质、铂/YSZ 复合阴极以及镧锶锰氧化物（LSM）/YSZ 复合阳极的组合[3]。该单元在 1.4 V 电压时产生0.2 A/cm^2 的电流密度，在 1.7 V 电压时产生 0.5 A/cm^2的电流密度（900 ℃环境下）。通过 10 次 30～900 ℃的热循环，该晶片的电流-电压曲线基本一致。

一般地，预期得到的 YSZ 圆盘的电流-电压曲线具有类似前述图 2 - 6（P57）所示的形状。在电压低于 1 V 时根本没有离子传导性，电压高于 1 V 时电流密度与电压大致成正比，意味着在一定温

[3] LSM＝lanthanum strontium manganite.

度下电压大约为恒值。图 2-6 中所示直线的斜率为该温度下圆盘电阻的倒数。电阻可由 $R = KL/A$ 确定，其中 K 为电阻系数（仅与温度有关），L 为圆盘厚度，A 为圆盘表面积。为使 R 尽可能小，可升高温度从而降低电阻系数 K；然而，为了减小热损失和循环期间的热应力，温度应尽可能降低。对于一定的表面积 A，R 由 KL 的乘积决定，如果圆盘尽可能薄，即可实现在较低的温度仍保持可接受的 KL 值。Allied Signal 公司认为，通过他们的方法可以获得更加薄的氧化锆电池，相比该领域的其他方法，可以在更低的温度下运行。

Allied Signal 公司采用由其固体氧化物燃料电池（SOFC）改进而来的方法，将三个薄片组装成一个堆，该设计在横向流动构型的柔顺金属结构中加入氧化锆单元。这些单元通过金属翅片及内部连接器串联加电。金属翅片与内部连接器连接形成组合器，形成了反应物及生成物的气流通道。通过设计连接器组合体可以使其提供柔性，从而使热膨胀错配导致的应力最小化，并形成坚实且轻量化的结构。在该方法中，电堆由多个模块组成，每个模块由下列要素组成：1）二氧化碳集合管，用于将 CO_2 传输至其上下两侧的阴极（CO 及 CO_2 的混合物在集合管的另一侧流出）；2）由阴极、电解质、阳极组成的三层薄片；3）氧集合管，由三层薄片的另一侧的阳级支出的氧集合管，用于将氧气传输至单元外；4）铂连接片，用于连接氧集合管。这些模块相互堆叠连接。所有的氧集合管接入氧气贮箱；所有 CO_2 集合管接入 CO_2 贮箱；所有的 CO 及 CO_2 混合物通入废气贮箱。

Allied Signal 公司开展了初步试验。试验过程遭遇了集合管密封的难题。串联的三薄片的电阻不平衡性使得电堆难以完全激活。尽管如此，该三薄片电堆还是工作了若干个热周期。目前尚不清楚还需要多少额外的人力和资金投入才能使这项技术具备实用性，或者证明其能否具备实用性。由于 NASA 的资金短缺，该项研究未能完成。

2.2.2.5 21世纪的研究情况

在21世纪早期，围绕固体电解质燃料电池（SOFC）的应用开展了大量研究工作。在这项工作中，发展了新的物理结构及新的YSZ催化涂层，并有较好的前景。然而，这项工作并不能为火星条件下电解 CO_2 生产 O_2 提供直接数据支持。比德尔曼等人（Bidrawn, et al., 2008)、埃贝森和莫恩森（Ebbesen and Mogensen, 2009)、金·洛孙通和贝（Kim-Lohsoontorn and Bae, 2011）在相关文献中进行阐述。这项工作涉及的都是固态电解质单圆盘，未开展多圆盘电堆的研究。

陶、史瑞德汉和禅等人（Tao, Sridhar and Chan, 2004）对使用铂电极和铂-YSZ金属陶瓷电极电解 CO_2 的性能进行了对比。采用铂-YSZ金属陶瓷电极的电池在低电流密度时具有更好的性能，而随着电流密度的升高，铂-YSZ金属陶瓷电极的优势将消失。

2.2.2.6 小结

从乐观评价的角度来看，当环境温度约为1 000 ℃时，单圆盘YSZ电池在1.7 V电压下可产生约0.4 A/cm^2的电流密度。这表明，每平方厘米圆盘产生0.4 A电流的功率需求为0.7 W。由于1A的电流相当于0.325 g/h的氧气产生速率，因此，在0.7 W功率下，每平方厘米圆盘的氧气产生速率为0.13 g/h。要达到1 g/h的氧气产生速率，YSZ电池圆盘直径需为7.7 cm，同时，功率需求为5.5 W。假设某火星ISRU装置需产生40 t氧气（即 40×10^6 g)。该全尺寸ISRU装置在火星表面利用反应堆作为电源，持续工作一年，即总运行时间为8 760小时。因此，该装置达到的 O_2 产生速率为 40×10^6 g/年，圆盘面积需求为

$$(40\times10^6\times7.7)/8\ 760=35\ 160\ \text{cm}^2$$

若每个YSZ圆盘直径为10 cm，其面积为314 cm^2，则需112个YSZ圆盘。功率需求为

$$0.7\times35\ 160\approx24\ 600\ \text{W}=24.6\ \text{kW}$$

该功率需在 1.7 V 电压下产生，因此总电流为 14 500 A。这将是一个巨大的挑战。如果反应堆供电不可用，则必须采用太阳能供电，由于供电的间歇性，需求还将翻两番。

除了关于 YSZ 圆盘强度、耐热冲击性能、长周期运行时电极稳定性等诸多未解决的问题之外，设计包含 112 个独立的 10 cm 圆盘的系统也将异常困难。其问题在于，能否设计一个单一容器内的圆盘堆，既不产生泄露，又保证圆盘与圆盘间的相容性。目前，尚无证据表明这是可实现的。

2.3 萨巴蒂尔/电解过程

2.3.1 萨巴蒂尔/电解反应

在萨巴蒂尔/电解（S/E）反应中，H_2（从地球运送）和 CO_2 在加温加压的化学反应器中发生如下化学反应

$$CO_2 + 4H_2 \Rightarrow CH_4 + 2H_2O \tag{1}$$

其中的反应器可以是一个填充催化剂的简单管状物。该反应是一个放热的过程，因此理论上可以将反应中的余热用于其他用途。

甲烷和水的混合物在冷凝器中分离，甲烷经过干燥后贮存起来用于推进剂。水则被收集后通过去离子化并在标准的电解槽中被电解

$$2H_2O \xrightarrow{\text{电解}} 2H_2 + O_2 \tag{2}$$

经过该反应，氧被贮存起来用作推进剂，氢则由化学反应装置循环利用。需要注意的是，所产生的氢是方程式（1）中所需要氢的一半，因此需要额外的氢来源以保证该过程的正常运行。萨巴蒂尔/电解反应中的唯一的特殊之处在于反应器中的催化剂颗粒，含 20% 钌的氧化铝（Hamilton - Standard 建议颗粒尺寸为 1～2 mm）可以作为该反应的良好催化剂（Clark，1997；Clark et al.，1996；Zubrin et al.，1994）。

CO_2+4H_2 混合物中平衡混合物分子是在总气压为 1 个大气压

条件下温度的函数，如图 2-8 所示。随着温度的上升，平衡从期望的生成物（即水和甲烷）转变成 CO_2+4H_2，但反应速率同时增加。因此难点在于如何控制反应器，使其具有足够高的温度允许反应物间充分接触，同时温度又不能太高以避免平衡转移而导致的生成物减少。通过实验方法，发现在反应器压强为 1 bar 量级的时候，如果 CO_2+4H_2 进入一个温度为 300 ℃、填充了催化剂的容器，就能够在小型反应器中达到平衡，且该平衡可以得到超过 90% 的 CH_4 和 H_2O。如果反应器的出口通过冷却低于 300 ℃，则生成物能够大于 95%（Clark，1997；Clark et al.，1996）。

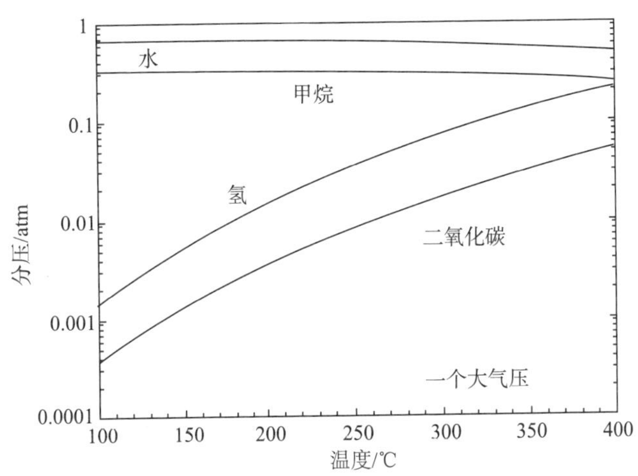

图 2-8　在 1 个大气压条件下的 CO_2+4H_2 平衡混合物

在萨巴蒂尔/电解的应用过程中存在两个紧密相关的问题。第一个首要的问题是反应过程中需要使用氢作为原料，从而迫使从地球运送氢或者从火星地表下层获取水资源，这是萨巴蒂尔/电解过程的主要争议所在。从地球运输氢到火星，并将氢贮存用于萨巴蒂尔/电解过程存在着很大困难和问题（见附录 F）。而从火星地表下层采集水则需要进行大规模的勘探活动，以及获取水的工程技术（见 2.1.2 节）。与此密切关联的第二个问题是：萨巴蒂尔/电解过程中为每一个氧分子产生了一个甲烷分子，然而推进剂中理想的甲烷分子与氧分子比例是 1∶1.75，因此有剩余比例的甲烷产生。换在其他环境中这并无太大问题，但在火星上，则变成使用十分稀缺的氢资源经过反应后产生了多余的甲烷。

有几种潜在的方案可以解决向火星运输氢的问题，这些方案的讨论详见附录 F。同时，还有其他多种方案可以减少对氢的需求量，如果能够研发出一种利用剩余甲烷生成氢的方法（高温分解或部分氧化），则 H_2 的需求量会减小很多。此外，还有其他减少氢需求量的方法，如采用另外的转换过程（YSZ、RWGS）只产生氧，从而增大氧和甲烷的比例，或者将多余的甲烷转化成不饱和的碳氢化合物乙烯，提高 C/H 比例，这些内容将在第 2.3.3 节中谈论。

2.3.2 萨巴蒂尔/电解范例

洛克希德·马丁航天公司（Lockheed - Martin）先后在 JSC（Zubrin et al.，1994，1995）和 JPL（Clark，1997；Clark et al.，1996）的资助下，对萨巴蒂尔/电解过程作了一些深入研究，建立了萨巴蒂尔/电解实验演示系统，并达到了预期的效果，其中的催化剂、电解剂和氢气还原单元（来自未反应的产品）都由 Hamilton - Standard 公司提供，其简化流程如图 2 - 9 所示。

这个系统的设计在一定程度上还可以更加紧凑和自主[4]，目前它最大的优势是具有高转化效率、良好的热力学性能，以及可靠的启动和停堆能力，而整个系统在管道布置和部组件方面则比较复杂。

以下是从克拉克论文（Clark，1997）中摘录的原文：

“化学转化在萨巴蒂尔反应器中完成，CO_2 和 H_2 混合物在反应器中与预热的催化剂床接触。所采用的先进催化剂有着均匀的颗粒尺寸（1～2 mm），其粗糙、不规则形状增加了接触面积，可提供近乎完全的化学转化（在开始阶段选用了过大或者过小颗粒的催化剂

---

[4] JSC 还提出一个称为 PUMPP 的紧凑系统的验证项目。

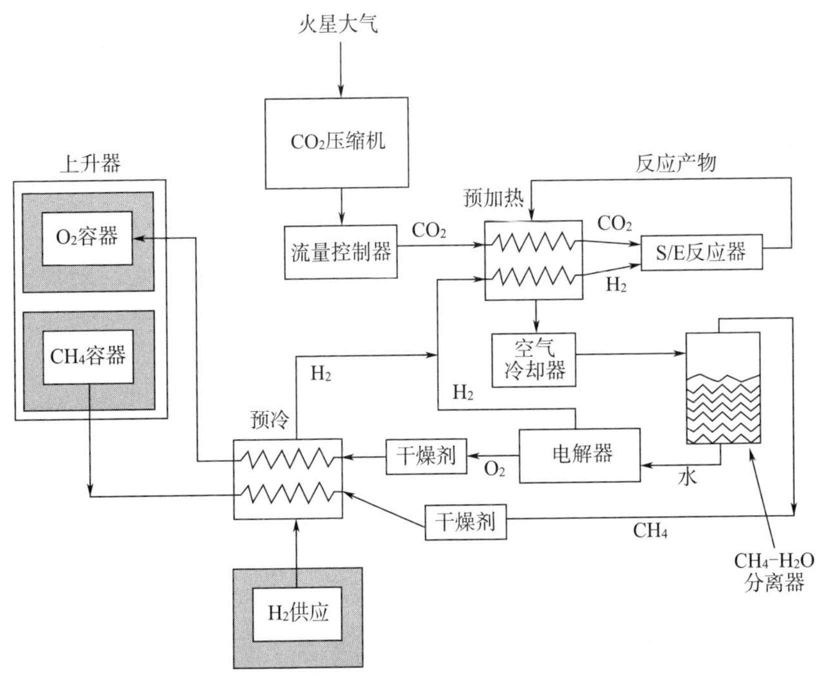

图 2-9 萨巴蒂尔/电解过程流程图

（低温冷却装置在图中没有画出，但实际和每个低温箱都直接连接）

颗粒大小，得到的反应效果较差，后续经过多次实验才得到合适的催化剂尺寸）。反应中产生的热量通过两种方式被引导至原型 CO_2 压缩机：一种是通过线圈-管道热交换冷却反应生成物，另一种是采用铜质散热器覆盖在反应器表面以减少反应器出口的温度。背压调节器维持反应器压强和压缩水蒸气，氢还原泵则从甲烷气流中清除剩余的氢气，从而使几乎所有多余的氢气都能被还原。通过增加氢气浓度可以提高 CO_2 的转化效率，从而提高整个反应器的效率，并随后从产出物中泵出多余的氢气。此外，还原泵还能被用于循环氢气过程中的加热或冷却周期，以尽量减少瞬时损失。

萨巴蒂尔反应器体积小、质量轻，在连续运行过程中不需要电源。一个外部加热器可为反应器运行前的预热提供启动能量。一种高活性的催化剂能够使系统持续运行，同时与氢还原泵联合运行，两种反应物的化学转化效率都高于99%。进入反应器的流量速度由电子流量控制器控制，这些装置根据计算机控制系统所产生的设定点实施测量和控制。可以使用两种方法对反应器进行散热：第一种方法是在反应器的下部安装一个铜热导体，以传导部分热量。这些热量被施加到吸附压缩器底部以产生二氧化碳压强，热传导铜块还降低了反应器出口处的温度，从而提高化学效率。盘管式热交换器从反应器气流中回收多余的热量。对水/甲烷产物的进一步冷却是在进入水贮存装置前通过第二套热交换系统实现，背压调节器通过调节甲烷流出水贮存装置的速度维持反应器的压强。

当电解器中的水位低于预设值时，打开控制电磁阀使水流进入电解单元。电解单元是一个固体聚合物电解膜，能够为氢气产生高出口压强，从而省去在循环回路中加入机械压缩器的必要。

从水中分离氢气和氧气是一个非常成熟的过程，这些实验的电解单元都是由 Hamilton - Standard 公司提供的，是一种基于航天和军事薄膜及催化剂技术的高效、可靠的设备。

水分和氢气在与装置相连的积分塔中完成，氧气被分离到电解装置出口旁的一个圆柱中。干燥剂从氧气流中吸走残留的水分和二氧化碳，沸石被用在干燥剂中以提高净化二氧化碳的能力和效率。

氢薄膜泵（由 Hamilton - Standard 公司提供）可以从甲烷气流中回收几乎所有的残留氢气，供反应器重复利用。当操控萨巴蒂尔反应器、期望在氢气充足的情况下尽可能完全地消耗掉二氧化碳时，氢薄膜泵的价值得到进一步提高，因为这些多余的氢气可以非常轻易地用泵从产出物中去除。测试表明，在多种工况下，都可以使氢气的残留浓度低于0.1%。这种泵可以在氢气输出时产生高压，使其直接进入电解氢气发生塔中。泵与泵之间通过止回阀进行隔离，并自动提供一个与氢气供给来源相匹配的压强调节。

在早前的测试中，二氧化碳是来源于一个装 CO_2 的容器。随后，CO_2 通过一个吸附压缩机提供，其本质上是一个由沸石组成的床基。在夜间用冷却线圈冷却压缩机模仿日间周期，在白天加热吸附床产生高压的 CO_2。然而，当该吸附压缩机被暴露在火星气体（95% CO_2，其余主要由 Ar 和 N_2 组成）中时，吸附过程停止的非常早，这很可能是由于不能吸收的 Ar 和 N_2 组成了难以扩散的屏蔽层。缓解上述现象的方法是连接一个低真空泵到吸收床，以保持气体流动，但这只是实验室中的原型系统，不能用于实际的吸附压缩机中。针对用于实际飞行任务的系统，有两种潜在的方案：一是使用一个小型风扇或者风箱，能够持续不断地向吸附床吹入新鲜的火星空气；另外一种方案是采用装满压缩二氧化碳气体的箱子，以一定周期向吸附床送入高压清洗气体，将之前的气体冲入环境中。这两种方法还没有被证明是切实可行的。对 CO_2 的低温压缩过程可能优于吸附方法。

该系统在固定的流量速度和设定点下运行了 12 天，甲烷和氧气每天的生成时间至少 6 小时。反应中所有的二氧化碳均来源于吸附压缩机（低真空泵去除不被吸收的 Ar 和 N_2），压缩机与含有模拟 6 托（torr：压强单位，1 torr≈133.322 Pa=1.333 mbar）压强下的火星的混合气体的火星大气舱相连。实验结果获得了很好的一致性，电能的平均消耗小于 250 W，化学转化效率高于 90%。此外，在测试氢还原泵的同时还完成了其他全能力生产。在演示中，两种反应物的效率都超过了 99%，残留的 CO_2 低于 1%，而氢还原泵将甲烷气流中的氢气浓度降到了 0.1%以下。

CO_2 的流速保持恒定，氢气的流速则不断变化以获得不同的混合物比例。除少数对气压敏感的试验外，其他试验过程中反应器的气压为 1.5 个大气压，并通过质谱仪连续对产出物气流进行监测。CO_2 的转化效率等于甲烷气体的百分比除以所有未反应气体的总和再加上甲烷的百分比。氢气的转化效率是甲烷的百分比除以｛甲烷百分比+氢气百分比/4｝（为了反应方程式中的摩尔比率，将氢气浓度除以 4）。图 2-10［Clark（1997）］展示了通过一系列试验得到的氢和 CO_2 的效率，最低的曲线代表在没有氢还原情况下反应器的基本效率。通过引入氢还原泵，反应效率大幅提高，在混合物比例为 4.7∶1 条件下，反应物的剩余浓度低于 1%。当混合物的比例高于 4.7∶1 时，CO_2 的转化效率超过 99%（化学当量=4.0∶1）。

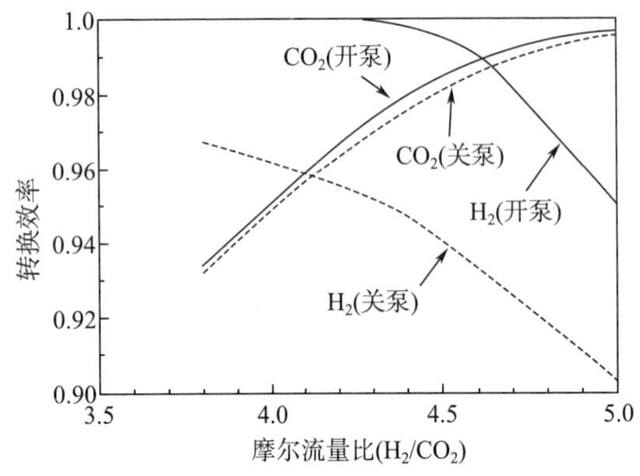

图 2-10　萨巴蒂尔反应器中氢气和二氧化碳的转化效率
（开泵和关泵指的是氢气还原泵）

试验表明，降低出口温度可以提高化学反应效率，随着反应器出口温度增高，转化效率下降。连接到吸附压缩机的铜导热网可以对反应器进行高达 50 ℃的降温，从而保证连续运行状态下转化效率高于 98%。

反应器对 CO_2 的消耗速率约为 30 g/hr，产出 O_2 和 CH_4 的速率分别约为 21.5 g/hr 和 10.8 g/hr，其中对产出能力的限制因素是电解剂。系统运行时的电能主要消耗在电解剂上，约 125 W。系统运行前需要消耗一定的电能对提供 CO_2 的吸附压缩机进行预热，而一旦反应过程开始后，该放热反应就可以为吸附压缩机提供所需的绝大部分热量。但是运行数小时后，当吸附压缩机达到一个较高温度时，需要的电能急剧增加。”

霍拉迪（Holladay，2007）等展示了一种萨巴蒂尔过程的微通道装置。正如前面已经提到过的，考虑到在火星 ISRU 中使用微通道反应器需要巨大的流量，我们并不清楚人们为什么要使用微通道反应器。而且，尽管几乎每一种可能的空气采集系统都配有精心设计的过滤系统以防止吸入尘土到反应器中，但最好是有足够的反应器尺寸来容纳进入反应器系统的最少数量的尘土。不过，霍拉迪等通过对萨巴蒂尔微通道反应器的研究，发现平衡转化必须在 200～300 ℃的高温中进行，“反应速率在低温时变得非常慢，需要增加接触时间才能达到接近平衡的状态，最终结果表明需要一个更大的反应器。”通过控制反应器以接近等温线运行，在 400 ℃时可以得到80％的转化率。但是，“经过几天的实验验证，发现催化剂的活性在逐步降低。”（点评：难以置信的是霍拉迪的研究并没有引用祖布林和克拉克所做的一些开创性工作，他们在早先 10 年的研究中就得到了在更低温度下可取得更高转化率的结论！）

2.3.3　减少萨巴蒂尔/电解过程中的氢气含量

萨巴蒂尔/电解（S/E）过程产生甲烷-氧气混合物，该混合物中甲烷的比例高于火箭推进剂所需的比例。这样就需要多余的氢，考虑到氢在火星上的稀缺性，理想的情况是应该避免用氢生产出过剩的甲烷[5]。针对该问题，主要有以下三种方案：

1）采用另一种转化过程，如固态电解或 RWGS 来产生一半的氧气量，加上另一半从萨巴蒂尔/电解反应中获得的生成物，组成所需的甲烷跟氧混合物比例，从而减少一半的氢需求量；

2）从萨巴蒂尔/电解反应所产生的过剩甲烷中还原氢；

3）将甲烷转化成一种更高的碳氢化合物或其他 H/C 比低于甲烷的有机物。

通过高温分解从甲烷中生成氢气

$$CH_4 \Rightarrow C + 2H_2 \tag{3}$$

通过氧气部分氧化

$$2CH_4 + O_2 \Rightarrow 2CO + 4H_2 \tag{4}$$

5　若火星上的近地表水能够方便获取的话，就没有必要从多余的甲烷中还原氢气。

或通过二氧化碳部分氧化

$$CH_4 + CO_2 \Rightarrow 2CO + 2H_2 \tag{5}$$

(1) 高温分解

高温分解本质上是一个简单的过程：

$$CH_4(g) \Rightarrow C(s) + 2H_2(g) \quad \Delta H = 74.9\ \mathrm{kJ/mol} \tag{6}$$

拉普等（Rapp et al.，1998）计算了从纯甲烷状态开始在 1bar 气压不同种类产物时的平衡浓度，其中甲烷作为温度的函数被加热且为气体状态，该结果的五种主要成分的摩尔分数如表 2－1 和如图 2－11 所示。

表 2－1　甲烷高温分解过程中成分的摩尔分数

T/℃	CH_4	H_2	C_2H_2	C_2H_4	C_6H_6	转化成 H_2
400	7.75E－01	2.25E－01	4.69E－16	2.81E－09	6.58E－18	1.27E－01
500	5.09E－01	4.91E－01	1.89E－13	3.47E－08	3.06E－16	3.25E－01
600	2.49E－01	7.52E－01	1.56E－11	1.62E－07	3.19E－15	6.02E－01
700	9.97E－02	9.00E－01	4.35E－10	3.86E－07	1.18E－14	8.19E－01
800	3.94E－02	9.61E－01	5.82E－09	6.43E－07	2.49E－14	9.24E－01
900	1.68E－02	9.83E－01	4.72E－08	8.97E－07	3.89E－14	9.67E－01
1 000	7.91E－03	9.92E－01	2.65E－07	1.13E－06	5.11E－14	9.84E－01
1 100	4.06E－03	9.96E－01	1.12E－06	1.33E－06	5.92E－14	9.92E－01
1 200	2.25E－03	9.98E－01	3.80E－06	1.48E－06	6.21E－14	9.96E－01
1 300	1.32E－03	9.99E－01	1.07E－05	1.59E－06	5.75E－14	9.97E－01
1 400	8.19E－04	9.99E－01	2.60E－05	1.65E－06	5.42E－14	9.98E－01
1 500	5.29E－04	9.99E－01	5.55E－05	1.66E－06	4.61E－14	9.99E－01
1 600	3.54E－04	1.00E＋00	1.07E－04	1.62E－06	3.71E－14	9.99E－01
1 700	2.45E－04	1.00E＋00	1.87E－04	1.56E－06	2.85E－14	1.00E＋00
1 800	1.73E－04	1.00E＋00	3.03E－04	1.47E－06	2.10E－14	1.00E＋00

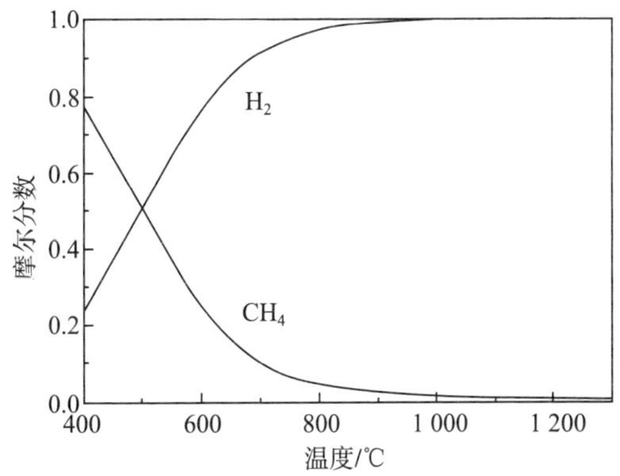

图 2-11　甲烷转化成氢气过程中的摩尔分数

显然，对于最少的成分，可以忽略不计。由一个甲烷分子分解可以产生两个氢分子，因此从甲烷到氢的分数转化关系是

$$C = f_{H_2} / (f_{H_2} + 2f_{CH_4})$$

其中 f 是摩尔分数。由此可以看出在 1 000 ℃时甲烷向氢的转化率为 98%，在 1 100 ℃时转化率为 99%。

我们的结论与盖雷、达鲁以及比约（Gueret，Daroux，Billaud，1997）的结论有明显的不同，这些研究者发现转化率要低很多且副反应显著，这样得到在高温条件下乙炔成为主要成分。由于所得结论分歧较大，我们怀疑他们在计算中有误。显而易见，这个反应平衡对 1 000 ℃及以上的高温分解是非常有利的。

Hamilton-Standard 公司开发了一套高温分解反应器，该装置的优点是反应中相当一部分的碳是以接近于水的状态而不是烟灰状态存在，因此不会带来污染问题（Noyes，1988；Noyes and Cusick，1986）。该装置是为空间站上的生命保障系统开发的，为 JPL 提供了其在 1980 年所采集的高温分解数据。JPL 的 N · 罗哈吉（N. Rohatgi）通过分析这些数据，预测转化率和温度之间为恒定关系。他还预测在 1 200 ℃时的转化率是 1 100 ℃的三倍，一个典型的高温分解反应器可能受限于转化率而非平衡，除非反应过程有足够长的残留时间。因此，高温分解反应器应该运行在大于 1 150 ℃的温度条件下，以达到一个较好的反应率。JPL 在 20 世纪 90 年代得到的初步实验结果验证了反应温度在 1 150 ℃左右甚至更高是理想的。高温分解主要的挑战在于处理反应过程中所生成的碳。诺耶斯（Noyes）和卡西克（Cusick）（1986）采用填充了石英棉的石英管作为反应器，反应过程中在石英纤维上形成了由碳组成的“致密多孔块状物”（JPL 在 20 世纪 90 年代的研究结果表明碳在石英纤维表面形成了涂层）。该装置在空间站中可以一定周期的频率手动移除碳块状物，而该装置如果应用在火星上则不大可能经常清理碳块状物。短期内，可以通过与二氧化碳进行燃烧反应来去除累积生成的碳，反应过程为

$$C(s)+CO_2 \Rightarrow 2CO \quad \Delta H=172.6\ \text{kJ/mol} \tag{7}$$

通风排去所生成的 CO，反应（7）比反应（6）（高温分解）需要多消耗能量。因此，如果能找到一种通过机械方式处理块状碳的方法，才具有很大的优势。我们没意识到有人在认真考虑采用机器人完成这些，一旦采用机器人远程遥操作完成，则反应（7）变得必不可少。反应（7）的化学平衡如图 2-12 所示，在 1 000 ℃左右获得高转化效率。JPL 在 20 世纪 90 年代提供的初步结果表明：对于火星 ISRU，转化率已经足够快了，但这个结果仍需进一步的试验验证。

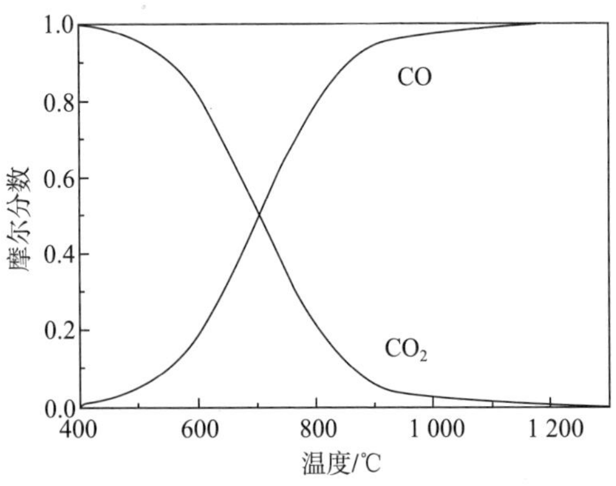

图 2-12　二氧化碳氧化成一氧化碳过程中碳氧化的平衡摩尔分数

将反应（6）和反应（7）相结合，则这两步总的反应为

$$CH_4+CO_2 \Rightarrow 2CO+2H_2 \quad \Delta H=247.5\ \text{kJ/mol} \qquad (8)$$

注意到这和用 CO_2 变换甲烷是一样的反应，表明不管采用高温分解还是清理过程，如果高温分解中碳全部燃烧成 CO，则两种方式所需要的能量整体上没有差异。若高温分解中碳可以通过物理方式进行处理，则高温分解只需清理过程的 30%的能量。

在间隙期间，可以通过向高温碳送入 CO_2 使其转换成 CO，由此看来需要两组反应器轮流使用，白天期间使用其中一个反应器进行高温分解，与此同时另一个反应器则对碳进行燃烧，这个过程在两个反应器之间每天轮换。

在 20 世纪 90 年代，JPL 的 P · 夏尔马（P. Sharma）建立了一套实验装置研究高温分解和通过 CO_2 作用的 CH_4 的还原反应，该装置通过在模块基础上演绎出不同的反应器。高温分解反应器能够在稍大于 1 bar 气压的条件下容纳 40 g/h 的甲烷流量，且设计运行的温度范围是 1 000～1 200 ℃。对于甲烷高温分解，反应器主要包含石英管和石英棉，石英管被放置在电加热锅炉中，其温度维持在 1 000～1 200 ℃。反应器中出来的气体主要是氢（>98%），并通过质谱仪进行分析，同样的一套流动系统用于测试 CH_4 向 H_2 的还原反应器。

采用 Hamilton - Standard 公司数据所得到的比率常数，JPL 的 N · 罗哈吉（N. Rohatgi）预测稳态过程中转化率和停留时间是沿反应器位置下降的函数，如图 2 - 13 所示。在甲烷进入反应器入口的时候通过预加热使其温度达到 750 ℃，当甲烷进到反应器时已经逐渐被加热到了 1 200 ℃。绝大部分的反应发生在反应的第二阶段，也就是当温度接近 1 200 ℃时。根据粗略计算，当停留时间为 100 s，反应器直径为 1.5 in（1 in=2.54 cm），长 12 in，则甲烷转化率能达到大于 99%。但是，在实际过程中并没有稳态，且实际的反应区间也会因碳块状物的形成而发生显著变化。实际的转化率将会取决于热交换、反应器设计以及时间。不过，这些计算表明在小的反应器中使用石英棉可以得到较好的产出结果。虽然当时 NASA 的资助也

已经所剩无几，但P·夏尔马的意外去世彻底中断了该工作的进一步研究。

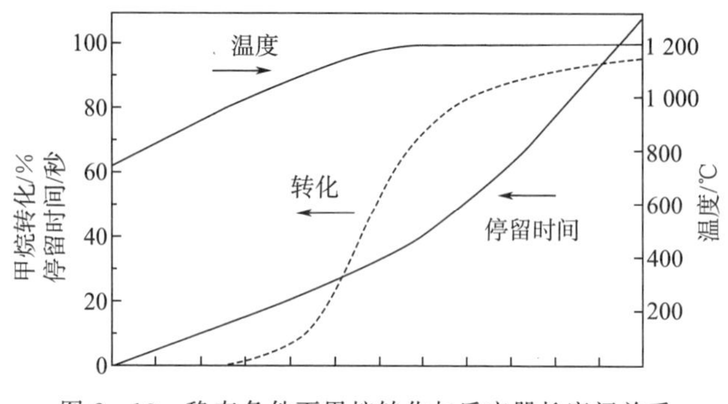

图 2-13　稳态条件下甲烷转化与反应器长度间关系

高温分解变得实际可行还需要第二步，也就是反应（5）需要进行。显然，这个反应的转化率取决于碳块状物的多孔性，其关系需要通过实验才能最终确定。因此需要进行简单的测试，对诺耶斯和卡西克所得到的早前结果进行验证，验证过程在石英棉填充的反应器中进行，温度范围是 1 000～1 200 ℃。如果证实可获得高产，则可以测试在碳块状物上进行反应（6）是否可行。

（2）用氧气部分氧化甲烷得到氢气

用氧部分氧化是一种从化学上切实可行的方法，但是该过程需要使用宝贵的氧气资源。不过，部分氧化过程中从两个甲烷分子和一个氧分子中还原出氢，这样就可以利用该氢通过萨巴蒂尔/电解反应生成两个氧分子

$$2CO_2+4H_2 \Rightarrow 2CH_4+2O_2 \tag{9}$$

因此，问题在于是否能够从两个甲烷分子中还原出足够的氧。采用氧气部分氧化的工作流程如下，萨巴蒂尔/电解将产生相同分子数的甲烷和氧

$$4CO_2+8H_2 \Rightarrow 4CH_4+4O_2 \tag{10}$$

现在，假如拿出萨巴蒂尔/电解过程所产生甲烷的一部分 z ，同时拿出所产生氧气的 $0.5z$ ，进行部分氧化反应

$$4zCH_4+2zO_2 \Rightarrow (4yz)CO+(8yz)H_2 \tag{11}$$

其中，y 是转化效率。丢弃所产生的 CO，$8yz$ 的氢气重新通过萨巴蒂尔/电解反应

$$(4yz)CO_2+(8yz)H_2 \Rightarrow (4xyz)CH_4+(4xyz)O_2 \tag{12}$$

其中萨巴蒂尔/电解反应的效率为 x 。将反应（10）和（12）合成后的总反应为

$$(4+4yz)CO_2+(8)H_2 \Rightarrow (4[1-z]+4xyz)CH_4+(4[1-0.5z]+4xyz)O_2 \tag{13}$$

因此，甲烷/氧气的摩尔比例从没有氧化的 1∶1 到部分氧化

$$(4[1-z]+4xyz)/(4[1-0.5z]+4xyz)$$

产生 1 摩尔氧气所需要的氢气摩尔数为

$$8/(4[1-0.5z]+4xyz)$$

这个过程中对电能的消耗主要集中在萨巴蒂尔/电解反应的电解过程，且与 $(4+4yz)$ 成正比。仅通过萨巴蒂尔/电解过程，则甲烷和氧气的摩尔比率为 1.0，需要 2 mol 的氢气才能产生 1 mol 摩尔的氧气。对于每摩尔的氧气，理想的甲烷比例是 0.57，如果能达到这个比例，则产生每摩尔氧气需要 1.14 mol 氢气。

通过氧气部分氧化来减少氢气需求量是有限的，为了氧化多余的甲烷，氧气将被全部使用完。图 2－14 展示了甲烷和氧气的摩尔比率在氧化反应中的依赖关系，假定 $x\sim 0.95$。尽管可以减少甲烷/氧气比率低于 1.0，仍不能达到理想的 0.57。图 2－15 展示了每产生 1 摩尔氧气所需要的氢气摩尔数，尽管单独对于萨巴蒂尔/电解反应，这个比率可以低于 2.0，但同样不能达到理想的 1.14。反应中电能的消耗基本和 $(4+4yz)$ 成正比，因此在图 2－14 和图2－15 中越往右或往下则相对消耗的能量越多。典型地，当 $y=0.9$，$z=0.6$ 时，所需要的电能比单独的萨巴蒂尔/电解过程要高出 54%，这将减少 17%的氢气需求量，即与摩尔氧气需氢含量从 2.0 摩尔减少至 1.65 摩尔。即使 x 和 y 的值都为 1.0，在 $z=0.6$ 的条件下仍然需要 1.54 mol 氢气才能生成 1 mol 的氧气，因此需要多消耗 54%的电能

来减少 23％的氢气需要量。

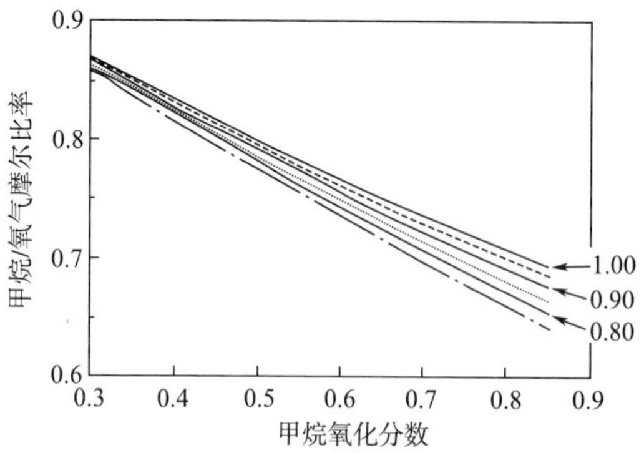

图 2-14 在 $x=0.95$ 时甲烷和氧气的摩尔比率

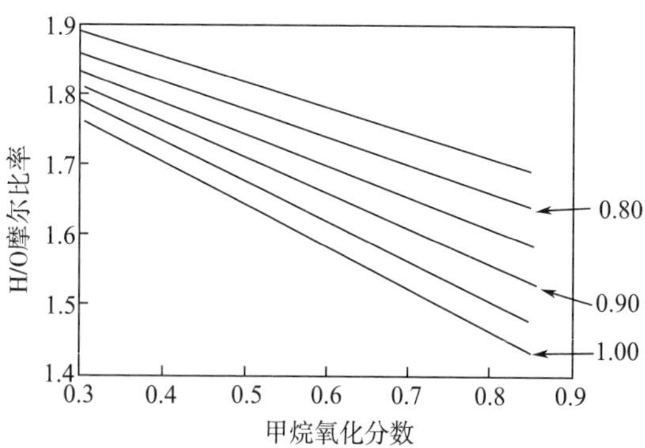

图 2-15 在 $x=0.95$ 时氢气和氧气的摩尔比率

由此看来，通过用萨巴蒂尔/电解过程产生的氧气部分氧化甲烷并不是一个有吸引力的方法。

（3）通过与二氧化碳作用生成氢气

尽管所消耗的电能非常大，如果能够获得足够量的产出物，那么用甲烷与二氧化碳反应也是可行的。已经有火星气体压缩机产生的二氧化碳，通过再生式热恢复，在反应器出口加热新进入的气体，可以从二氧化碳氧化中还原绝大部分的氢气。从一氧化碳和氢气的

混合物中分离出氢气

$$CO_2 + CH_4 \Rightarrow 2CO + 2H_2 \tag{14}$$

而这才是该反应的主要挑战。

拉普等（Rapp，1998）对反应［14］进行过分析，理论上的平衡转化主要取决于三个因素：温度、反应器压强以及二氧化碳/甲烷的反应比率。通过增加温度、降低总压强、增加二氧化碳/甲烷摩尔比率，可以提高反应转化率。此外，如果利用可渗透薄膜去除产生的氢气，则反应器中氢气部分压强降低，从而使反应在期望温度的条件下向右转化。

如图2-16所示的甲烷转化成氢气，是在CO_2/CH_4之比为1.5、几个不同反应器压强下，以温度为变量得到的结果。由图2-16可知，在900 K温度下，CO_2/CH_4摩尔比例等于1.5时，可以得到大于90%的转化。当CO_2/CH_4的摩尔比例增加（下降），则反应曲线转移到更低（更高）的温度。从反应器中去除氢气后的效果如图2-17所示，以温度为变量，在去除不同比例氢气情况下，每1.5摩尔的CO_2对应1摩尔的CH_4，总压强为0.5 bar。如果在850K温度下所产生氢气的90%能够从反应器中去除，则转化效率等同于在950 K温度下的反应效果。

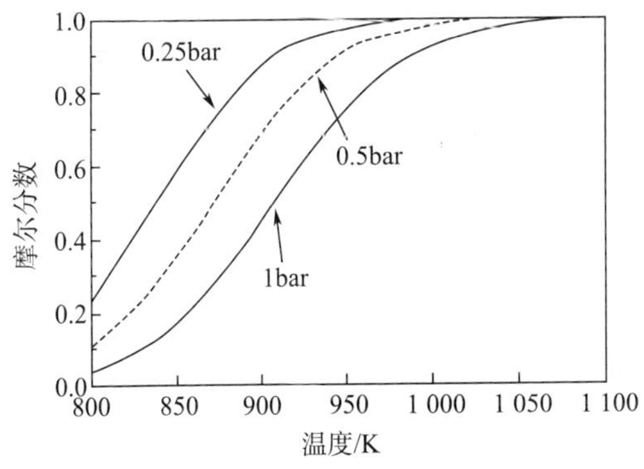

图2-16　$CO_2 + CH_4 \Rightarrow 2CO + 2H_2$反应中的甲烷转化因素，反应开始时$CO_2$和$CH_4$的摩尔比例为1.5

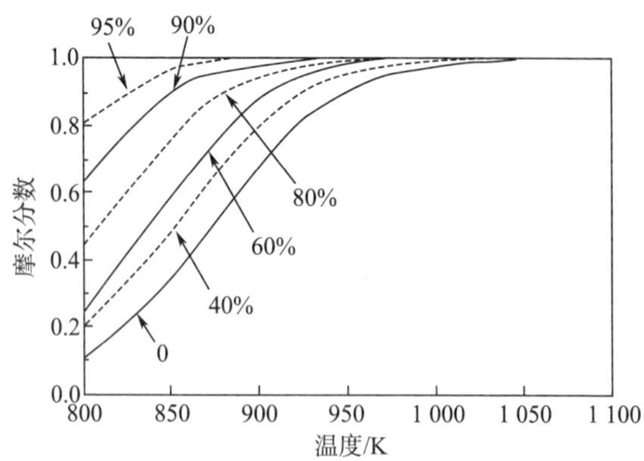

图 2－17 $CO_2+CH_4 \Rightarrow 2CO+2H_2$ 反应中移除不同比例氢气的转化效果，反应开始时 CO_2 和 CH_4 的摩尔比例为 1.5，总压强为 0.5 bar

不少研究学者对该反应过程进行了研究，拉普等人（1998）提供了一个详细的文献综述和分析，已经测试验证过许多种类的催化剂，而且在阐明反应机理方面也取得了一定进展。反应中遇到的最大问题是催化剂上不断累积的碳，会降低催化剂性能甚至钝化，而 YSZ 中的铂所形成的碳比较少。一般地，在催化剂被碳覆盖后，可以通过向反应器中送入纯二氧化碳对碳进行氧化，然后再继续原来的反应过程。

凡·科伊伦等（van Keulen et al.，1997）的实验结果表明：当反应器温度为800 ℃，使用 Pt/ZrO_2 催化剂可以达到约 90％的转化率。马克（Mark）和迈尔（Maier）（1996）通过使用由γ-氧化铝或者 ZrO_2(5％)/SiO_2 和 Rh（铑）组成的混合催化剂获得了很好的实验结果，这些催化剂在反应较长时间后仍然具有很高的活性和稳定的性能。此外，在添加 CO_2 时，这些催化剂也具有很大的优势。增加 CO_2/CH_4 的比例可以显著提高 CH_4 的转化率，由此看来，使用二氧化碳将甲烷重整成氢气在一定条件下可以得到较高的产出。接下来的问题是如何将氢气分离、压缩、循环使用于萨巴蒂尔反应器中。通过对反应生成物进行冷却并从混合物中去除氢气，生成物的混合物中 CO 和 H_2 大概各占 50%。全氟磺酸（Nafion）薄膜可以一步就将氢气从混合气体中分离出来并压缩（Sedlak，Austin，and LaConti，1981），但即使少量的 CO 也会对全氟磺酸薄膜造成抑制。然而，Hamilton - Standard 公司声称他们能生产出兼容 CO 的全氟磺酸薄膜，其他生产厂家薄膜也同样可以，祖布林使用 Permea 公司的薄膜从氢气和 CO 的混合物中分离氢气。

另一种方法是向反应器中插入高温薄膜（如涂有钯的钽）将氢气从反应器中转移到外面的贮存装置。部分研究人员成功使用薄膜从反应器中将氢气分离，从而实现在较低温度下提高反应产出（Kikuchi and Chen，1997；Ponelis and van Zyl，1997），这种方法可以分离氢气并同时提高反应产出。然而，由于试管中需要的氢气压强比反应器中小，且从反应器中分离氢气进一步降低了氢气部分在反应器中的压强，因而钯/钽试管中氢气压强将会相对较低。某些压缩机被连接到钯/钽试管的出口，用于在大于 1bar 压强下分离氢气至原位资源推进剂生产系统时，建立一个低氢气压强试管环境。可采用的方法是使用全氟磺酸固态聚合物薄膜，如 Hamilton - Standard 公司生产的产品。这个泵要求阴极的总压强要在 0.3bar 左右或更大，由于氢气部分压强将在 7 torr 左右，因此试管中需要惰性的“运输气体”。全氟磺酸泵散播少量的“运输气体”到氢气中，运输气体浓度逐渐变稀需要频繁的更换。可惜氢气在“运输气体”中的扩散速度较慢，回路中为了从反应器试管到全氟磺酸薄膜快速地循环运输气体，从而该系统运行时需要消耗较大的能量。

还有另外一种方法是采用吸附系统在试管内产生一个低氢气压，从而使氢气从反应器中流出。该系统需要两种吸附材料层，其中一层维持在火星表面温度，吸收由反应器进入试管中的氢气。如果选用合适的吸附剂，可以在火星温度条件下建立 5～10 torr 的氢气压强。同时，另一层吸附材料被隔离并电加热（或采用反应器出口的热气体）加热，在高压下（1～2 bar）产生氢气并循环用于萨巴蒂尔过程。这两种吸附层采用串联方式，它们通过打开和关闭阀门，每隔一天互换角色。在过去十到二十年间，开发了许多种用于不同温度和压强下吸附压缩氢气的材料，目前 Mg_2Ni 被认为是最符合要求的。Mg_2Ni 能够在室温下吸附，在 530 K 时能提供 2 bar 的氢气压，且每 100 g 的 Mg_2Ni 可以运输大约 3 g 氢气。由于全尺寸的系统一天运行 7 小时需要消耗大约 70 g 的氢气，因此每一个吸附层必须具备贮存 70 g 氢气的能力。如果贮存能力为 3%，则意味着每个吸附层需要约 2.1 kg 的吸附剂，这样的吸附层可以常规运行多年。运行中最主要的问题在于可能被杂质所污染，此类系统的适用性仍有待进一步评估。

最后，一个小型的机械压缩机或许能够满足要求。

(4) 甲烷转化成高有机分子

研究人员提出了许多种甲烷向高有机分子转化的方法。显然，将甲烷转化成乙烯或乙烯/乙烷混合物，不仅可以减少氢气需求量(乙烯每个碳原子需要两个氢原子，而甲烷需要四个氢原子)，而且可以省掉对甲烷的低温贮存。其他可行的方案包括转化成苯、二甲醚或醇类。

总的来说，甲烷转化成高有机分子的绝大多数方案中都面临着同样的问题，想要获得高产出，则可选择的有机物种类少；想转化成有机物种类多，则产出低。还没有简单的甲烷向有机物转化过程既能获得高产出又选择多。

大多数的转化过程利用氧气作为中间媒介，这样带来的基本问题是乙烯和乙烷都远比甲烷更容易与氧气反应，因此当浓度与甲烷浓度相当时，非常容易被 CO/CO_2 氧化。在甲烷向乙烯的转化中存在 30%的转化障碍，但马克里 (Makri) 等 (1996) 已经证明，只要能有效地利用分子筛，这个 30%的转化障碍可以打破。

在氧化转换中，甲烷向乙烯的转化遵循以下机理：

$$2CH_4 \underset{1}{\Rightarrow} 2CH_3^{\cdot} \underset{2}{\Rightarrow} C_2H_6 \underset{3}{\Rightarrow} C_2H_4 \underset{4}{\Rightarrow} 2CO_2$$

以上四步反应表明，若反应没有在第 3 步转化后及时终止，则第 4 步转化发生，导致获得的 C_2H_4 非常有限。因此催化系统必须设计成 1～3 步可以高效地进行，而第 4 步则被冻结。这可以通过一个反应策略来实现，即利用分子筛在乙烯氧化前将其分离，这样就可以避免第 4 步，从而提高 C_2H_4 选择性，乙烯可以通过加热从吸附物中还原出来。这个过程同样需要反应物的循环，以便于越来越多的乙烯被分子筛截留住。

有些催化剂可以直接将甲烷转化成乙烯或者其他高碳氢化合物，而不需要经过氧化过程。代价是需要增加能量，因为吸热反应需要 221.5 kJ/mol（53 kcal/mol）。合理地选择催化剂获得高碳氢化合物，但甲烷的转化率低得不可接受（大概 10%）。

甲烷向高碳氢化合物转化的热力学温度限制可以通过两个步骤实现，在这个方法中，选择了可以在低温条件下激活 CH_4 为了碳碳偶联的催化剂。如果在该方法中比率受到限制，则与高碳氢化合物的连接发生在第二步。事实上，这种方法还只是部分可行。

不少研究人员对甲烷转化成苯进行了深入的研究。通常 65%～90%可选择的催化剂，均能得到苯，但转化产出物仅有 7%～12%。由于转化产出率太低，甲烷转化成苯的前景并不被看好。

将甲烷与二氧化碳进行反应后，产生一氧化碳和氢气，进一步反应产生高有机产物。例如，Fischer - Tropsch 合成方法包括将 CO 和 H_2 转化成直链烷烃

$$(2n+1)H_2+nCO \Rightarrow C_nH_{(2n+2)}+nH_2O$$

伴随该反应有不少副反应，且除了烷烃外还会产生烯烃和醇类，难以同时获得高转化率和高特有性。

其他可能方法是用 CO 和氢气进行催化反应产生二甲醚，这种低沸点的液体 H/C 比例为 3，而甲烷的 H/C 比例为 4，受初始原料二氧化碳的约束，用了更多氧气。整体反应过程为

$$2CO+4H_2 \longrightarrow H_3COCH_3+H_2O \quad \Delta H_{298}=205.5\ kJ/mol$$

2.4　从空气中获取水分

华盛顿大学（UW）的阿达姆·布鲁克纳（Adam Bruckner）教

授和他的学生提出了一种从火星“空气”中提取水蒸气的设想（Coons，Williams，and Bruckner，1997；Coons et al.，1995；Williams，Coons，and Bruckner，1995）。如图 2-18 所示，这个水蒸气吸附反应器（WAVAR）的原理非常简单，火星表面的大气经过一个尘土过滤装置后由风扇吸入该系统，被过滤后的气体通过一个吸附床时，水蒸气被吸收。一旦该系统中的吸附床达到饱和状态，则对吸附剂进行恢复，同时将吸收的水分冷凝后排出并贮存。该设计只有六个部分：过滤器、风扇、吸附床、再生单元、冷凝器和主动控制系统。对于机器人应用，由于受到仅在白天供应能源（如太阳能）的限制，所以 WAVAR 系统被设计在夜间吸收由风驱动的火星大气，在白天有能源供应时则使用风箱和再生单元。

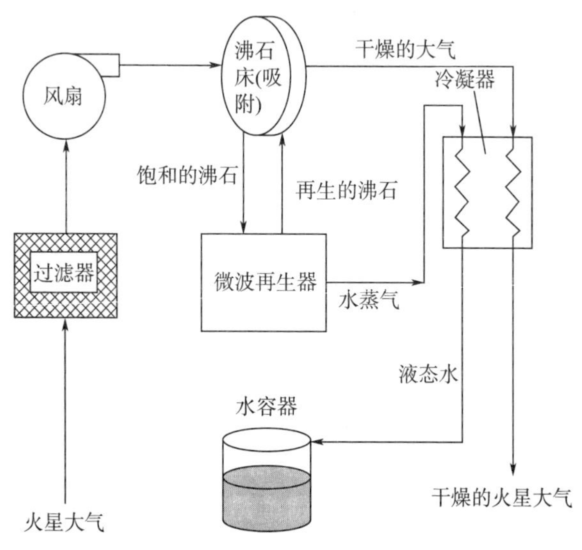

图 2-18 WAVAR 系统

WAVAR 系统的风扇在工作过程中需要传输大量的低温（200～240 K）、低压（～6 torr）气体。吸附使得浓缩水蒸气固定在吸附床上，由于一个吸附床上的吸附剂是有限的，因此吸附过程中需要使用批量的吸附床。对于火星表面的水蒸气吸附，可选择的吸附剂被限制在大小为 3Å（略微大于水分子），例如沸石 3A。在最初的 WAVAR 系统中，粒状的吸附剂被打包放入沿径向划分的圆盘状吸附床中（如图 2－19 所示），每一个分区间采用隔热材料相互密封以防止再生过程中横向热量和质量流动。吸附床分阶段地转动，这样允许某个分区的吸附剂被放入再生单元，同时其他分区则工作在吸附水蒸气的流程中。吸附床的转动通过控制系统来定时实现，使进入再生单元的分区刚好达到饱和状态。控制系统通过监测出口气体的湿度调节旋转速率和再生时间，以获得最大的效率。

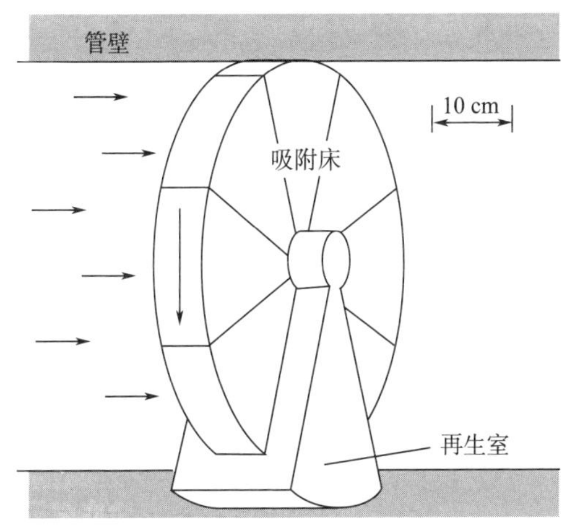

图 2－19　WAVAR 最初设计的吸附剂和再生单元

对吸附床的吸附和解吸附是通过热振荡再生，其中包含加热吸附床以去除水分，而热振荡可以通过电阻加热或者微波加热实现。微波加热对比传统加热的优势在于可以提供快速均匀的加热，从而减少再生时间且精确到具体的加热水分子。在最初的 WAVAR 设计中，微波再生单元保持在固定位置，吸附床绕其旋转并依次通过它（如图 2－20 所示）。已经饱和的分区通过旋转进入再生单元，每个分区之间采用隔热材料进行隔离，同时还有隔热的弹簧盒盖。再生单元的密封原理包含两个特氟纶平板，形成一个密封的再生单元。

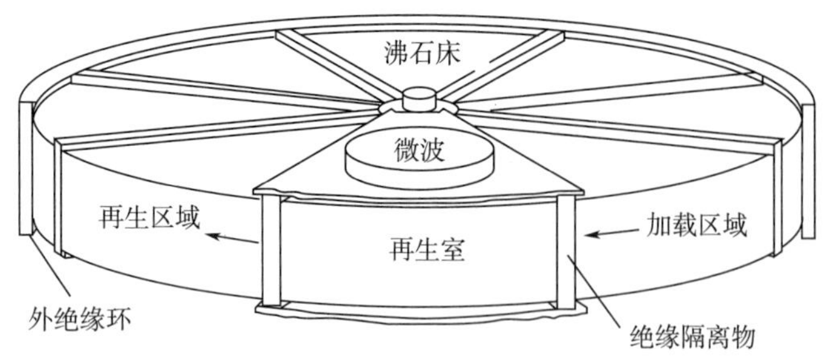

图 2-20 WAVAR 最初的吸附旋转盘

在后来的工作中，一种吸附剂垂直安放在旋转盘圆周上的新的几何结构被新设计出来。

WAVAR 方法高度依赖于火星气体中存在多少可用的水蒸气。整个火星表面气体中水蒸气的浓度约为 0.03%，但水蒸气的浓度还和具体的地理位置有很大关系，在火星夏季的北部高纬度区域，水蒸气的含量是平均含量的几倍。水蒸气浓度随高度变化的关系仍然是未知的。WAVAR 系统每天需要传输大量的“空气”通过吸附剂才能每天得到 1 kg 的水，对于机器人应用其能源完全来自于太阳，WAVAR 系统在晚上将只能完全运行在吸附模式下，且取决于火星风能将多少空气吹入吸附床。在白天，主动风箱将驱动气体通过吸附床，并且每个分区将被依次去除水分。然而，最令人担心的是高能源消耗需求。

WAVAR 系统构想中需要首先研究的问题是能否从含有 0.03% 水蒸气的火星表面低温低压（200 K，6 torr）气体中有选择性地进行吸附。如果吸附剂可以在合理的接触时间范围内吸附绝大部分的水蒸气，并且不会被多余的 CO_2 淹没，那么尽管还有其他的问题可能使其不可实现，WAVAR 在技术上是可行的。开展如下的测量是很有价值的：在 6 torr 压强下使 CO_2 流过一个温度为 200 K 的冰床，通过升华获得水蒸气。这样轮流地通过吸附剂床，并对吸附剂中吸收的水分进行去除。

假使我们乐观地认为火星大气在低温低压情况下可以选择性地

被吸附，从而 WAVAR 系统是可行的，接下来最主要的问题就是需要多少电能。主要的能源消耗来自于风扇，风扇需要驱动气体通过吸附床和尘土过滤器，此外还有去除水分时加热所需要的电能。假设系统每天利用 WAVAR 中生产的水分为 630 g，则水通过电解后产生 560 g 氧气和 70 g 氢气。氢气用于萨巴蒂尔/电解过程以产生 280 g 甲烷和 560 g 氧气。因此，整体的甲烷向氧气转化率为 280/(630＋560) ＝0.235，每天生成的氧气为 1 190 g。

所需要的吸附剂质量取决于在 6 torr 压强和火星表面温度下的饱和率（水的质量/吸附剂质量）。假设饱和率为 0.1，则所需的吸附剂质量为 630/0.1＝6.3 kg。假定沸石的密度为 2.1 g/cc，则所需沸石的体积为 3 000 cc。

如果平板的厚度为 1 cm，则直径为

$$0.785D^2(1)=3\ 000$$

$$D=62\ \text{cm}$$

水加热汽化所需的能量为 540 cal/g＝0.000 88 kWh/g，假设所有的水分 7 小时内从吸附剂中去除，每天汽化 630 g 水需要的电能为 630×0.000 88＝0.55 kWh，或者是平均 7 小时 80 瓦。从沸石中汽化水分比直接汽化水所需要的电能要多，因为包含了对吸附床的加热，并且不可避免地有热量损失，因此假定 7 小时需要大约 150 瓦电能用于从吸附剂中去除水分。

风扇在驱动火星气体通过过滤器和吸附床的过程中需要消耗大量的电能。火星气体质量的大小取决于气体中水分的浓度，整体的平均浓度为 0.03％。我们已知在火星北半球夏季高纬度地区水分含量高，因此乐观地假设系统能够在水分浓度为 0.063％的区域运行。每天 630 g 水需要的火星气体质量为 630 g/0.000 63＝1 000 kg，相应质量气体的体积为

$$nRT/P=[(10^6)/44](82.01)(240)/(6/670)=5.7\times10^{10}\ \text{cc}=5.7\times10^4\ \text{m}^3$$

另外一个问题是在夜间当风扇停止工作后，由火星风能吸附多少水分，这个目前是未知的。如果所有的吸附均发生在有电驱动风

扇的 7 小时内，若 4.7×10^4 m^3 火星表面气体在 7 小时内通过直径为 62 cm 的圆柱形风扇，其风速为 4.7×10^4 m^3/（0.3 m$^3\times$7 h）＝24 000 m/h＝6 m/s。而火星表面典型的风速范围是 2～10 m/s，因此夜间的吸附在一定程度上减少了日间对电能的需求量。

然而，如果假定由风力驱动产生的吸附是少量的，则风扇必须每天工作 7 小时以吹动 1 000 kg 的气体通过吸附床，风扇消耗的电能可以凭借气体通过吸附床和过滤器的压强下降进行估计。布鲁克纳等人（Bruckner，1998）估计压强下降量大约为 0.6 torr，则公式 $V\times\Delta=4.7\times10^4$ m$^3\times0.6/760$ atm＝37 200 L - atm，相当于公式 $37\ 200\times101.3\times2.78\times10^{-7}$ kWh≈1.0 kWh。假设风扇的效率为 60%，则风扇每天工作 7 小时需要 220 瓦电能。加上用于加热的 150 瓦，每天工作 7 小时的总电能需求为 370 瓦。因此，在假定大气中水分浓度为 0.063%的情况下，每千克水需要 4.1 kWh 的电能。如果火星大气中水蒸气浓度为 0.03%，则每千克水需要的电能上升到大约 6.6 kWh。

2.5 压缩和提炼 CO_2

在大多数火星 ISRU 概念中第一步都是从火星大气中获取和压缩 CO_2，压缩容器要具备小型化、轻量化、高效率、尘土环境的高适应性、非 CO_2气体的过滤能力（至少也要部分过滤），以及在火星表面严酷的每日温度变化和季节性温度变化条件下稳定可靠运行 500～600 天的能力。

2.5.1 吸附压气机

吸附压气机实际上不包含可移动的零部件，通过交替加热和冷却吸附剂材料来实现压缩，吸附材料在低温时吸收低压气体，在高温时驱除高压气体。通过将吸附压缩机暴露在火星寒冷的夜间环境里（中纬度地区大气压力大约 6 torr，温度大约 200 K），CO_2优先被吸附剂材料从火星大气层中吸入。在白天，当太阳光能量可用时，吸附剂在一个密封的容器中被加热，由此在转换反应器高压条件下，释放出几乎纯净的 CO_2 以供使用。这样的吸附压缩机在较早的关于 ISRU 的文章中就有所提及（如 Ash，Dowler and Varsi，1978；Stancati et al.，1979）。祖布林等人（1995）提出了一种试验用的吸附压缩机，但这种试验压缩机与实际的试验压缩机存在差异，这种试验压缩机没有真空罐，没有热开关，并且需要外加热真空泵来去除不易被吸收的 $Ar+N_2$。

假设与火星大气吸附压气机（MAAC）相连的化学反应器的工作压力为 815 torr（Rapp et al.，1997），基于相关文献中提出的火星大气吸附数据，一个典型的 MAAC 的理想工作循环如图 2-21 所示。压缩比率为 136∶1，温度变化范围为 200～450 K。粗略估计，气体从吸附剂中的净排放量大约为每克沸石 0.11 g 的 CO_2，这些数据由拉普等人（Rapp et al.，1997）提出。然而，其他研究者提出的数据（Clark，1998；Finn，McKay and Sridhar，1996）表明 13X 沸石的持续能力可能更加突出。20 世纪 90 年代后期，洛克希德·马丁航天公司提出的数据表明每克沸石具备产生 0.16 g CO_2 的能力。

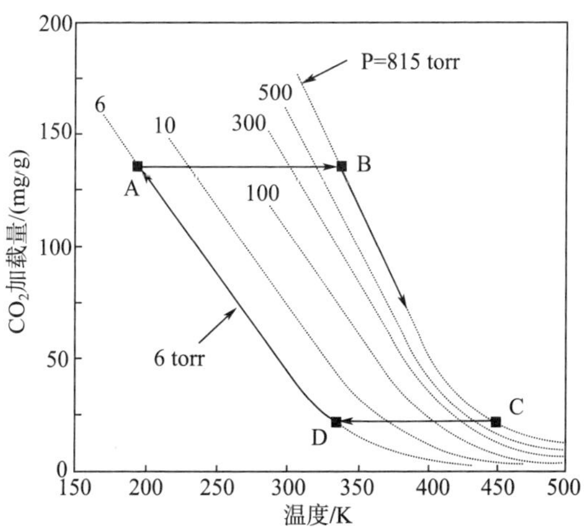

图 2-21　13X 沸石在 6～815 torr 压力下火星大气吸附压缩机工作循环

工作循环的四个基本步骤如下。

1）（A→B）等容加热。在早晨的初期 A 点（大约 200 K，6 torr），沸石材料含有饱和状态的 CO_2，加热吸附床排出 CO_2，直到压力上升至 B 点状态（340 K，815 torr），压力反应器可以工作的压力点。

2）（B→C）等压加热。在早晨的后期 B 点（340 K，815 torr），打开阀门使 CO_2 流入反应器。随着白天时间的推移，在通过不断提升温度来保持 815 torr 的压力的情况下，吸附床的 CO_2 含量逐渐变少。在下午的晚些时候，吸附床上的 CO_2 基本上消耗殆尽（C 点），同样关闭加热器。

3）（C→D）等容冷却。在一天的结束时刻 C 点（450 K，815 torr），关闭所有阀门，开始冷却循环。吸附床的热量从辐射器散出，冷却吸附材料。当到达 D 点（340 K，6 torr）时，吸附压缩机的压力等于周围压力，打开阀门，连通火星大气环境，使吸附剂在夜晚进行吸附工作。

4）（D→A）等压冷却。在夜晚的剩余时间里，吸附床冷却，通过辐射器将热量排出。在夜晚的最后时刻，吸附材料在 200 K，6 torr 的条件下达到 CO_2 的饱和吸附状态（A 点），重新开始整个循环过程。

在火星吸附压缩机设计方面存在的挑战如下。

1）吸附材料属性——给定数量的吸附材料能吸附和排除多少 CO_2，最好的吸附材料是什么？虽然各种各样的材料通过多种方法进行了小规模的测量，但大规模材料贮存能力的测量将决定什么样的吸附剂才是最好的。主要包括四个方面内容：

a）在 6 torr 和约 200 K 的条件下，吸附剂可以吸收多少 CO_2？（这决定了吸附剂的最大能力。）

b）在大约 700 torr，400 K 以上的温度条件下，吸附剂所吸附气体的释放能力是多少？（这对从吸附剂中释放 CO_2 所需要的能量存在主要影响。）

c）吸附材料裸露在火星大气混合物中（95% CO_2，Ar 和 N_2 以及少量的 CO 和 O_2）的特性是什么？（这个是吸附剂十分关键的自然的表现，我们可以清楚地了解大气中的微量元素是否会严重影响 CO_2 的吸附。）

d）火星尘土对吸附材料是否有害？如果一些尘土进入到吸附床里，是否会影响吸附材料的性能？（这个决定了在气体入口处使用什么样的过滤器。）

在 200 K，6 torr 环境下，有两种比较著名的商用沸石材料吸附大量的 CO_2（初步估计质量分数在 15%～18%之间）。这两种沸石就是 13X 和 5A 系列。在 20 世纪 90 年代后期，Allied Signal 公司研究了一种形式的碳，单位质量下 CO_2的贮存量大约是沸石的两倍，并且释放 CO_2的温度比沸石要低。通过这些材料的孔径分布和孔径面积进行了精细地控制，使得 CO_2吸附量达到最大化，从而获得了高性能。

2）非 CO_2气体的去除——在进行 CO_2吸附的过程中，需要利用一个系统来阻隔不被吸收的惰性气体，使其在吸附剂材料周围（或材料毛孔中）不会形成很高的浓度，这个系统为 CO_2的深入吸收创造了一个扩散屏障。早期的试验研究表明，当吸附床首次加热时，像 Ar 和 N_2的惰性气体会比 CO_2优先释放出来。如果这些气体被排出，从吸附材料中通过加热释放出来的剩余气体几乎是纯净的 CO_2，可作为推进剂转化的原料。然而通过观测，火星大气不易吸收的气体，如 Ar 和 N_2，可以阻止 CO_2的吸收。有一种理论，这些惰性气体趋向于在吸附材料表面或毛孔中形成较高的浓度，这为 CO_2的深入吸附形成了一个扩散屏障。为了阻止这个非 CO_2气体扩散屏障的形成，提出了两种可行的途径。一种是利用风扇或者风箱使新鲜的火星大气持续不断地通过吸附床。随着新进入的火星大气进入吸附压缩机，剩余的惰性气体被移走，扩散屏障被清除。另一种是利用一个小的二氧化碳高压容器定期对吸附床进行高压气体冲洗，将惰性气体吹到外部环境中。这两种途径中的任意一种，至今还没有被证明是有效的。这一问题仍旧是设计研制吸附压气机的潜在阻碍。

3）高效的白天加热——为了将能量输入的需求最小化，吸附床在白天必须与辐射器进行热隔离。需要利用真空罐和隔热层，以及在吸附床和外部辐射器间的热开关来形成一个非常细致的热设计。在吸附床内部通过热导体的网络化确保吸附床温度合理并保持一致。

4）夜间冷却——高绝热的吸附压缩机必须在晚间快速冷却下来。白天保持吸附床热量损失最小化，晚间通过热开关实现热量从吸附床内部热导体网向辐射器的高效热传导。

5）尘土过滤——最为关心的一个问题是阻止尘土从大气进入吸附床。一个全尺寸的工业装置在 500 至 600 天内吸附 70 000 000 升火星大气，这些大气通过阀门、传感器、吸附床，最后到达反应室，所有这些部位都有可能因为尘土冲击造成损害。一些尘土分布的粗略估计是可用的，但这些分布会因为地理位置、季节和风暴活动而发生巨大变化。尽管如此，对进入过滤系统的尘土和进入吸附压缩机的大气流通量最有效的估算值是 1×10^{9} g/cc，在 600 天的工作时间内进入过滤系统的尘土估计约为 70 克。

在火星进行被动式尘土过滤要求使用低压降过滤材料，但由于周围的低压环境使得实现这一点很难。采用先进材料“3M”公司过滤器，在空气通过材料整体厚度时，为它提供一个极小的流动约束，捕获微小颗粒，即使在相当高的风速条件下，也能实现一个低压降系统。

6）通过吸附床的压降——为降低通过吸附床的压降，一是使气体向四面八方流动——不是纵向流动。然而可以更简单地保证流过床的流动阻力在纵向流动的横截面上是恒定的。如果流动阻力不一致，吹除不吸附的 $Ar+N_2$ 可能无效。

JPL 和洛克希德·马丁航天公司（LMA）研制了一种火星大气吸附压气机（Rapp et al.，1997）。JPL 为 LMA 提供资金，进行设计、建造和 MAAC 全尺寸试验。全尺寸意味着这个设备可以贮存至少 3 kg/天的 CO_2，如果能发现更好的吸附剂，这一数值还将增加。通过萨巴蒂尔/电解过程，每天将生产 2 kg 的 O_2。

内部容器含有一个放置沸石吸附剂的网状设备，网状设备有热传递棒，在晚间将吸附床的热量传递到外部辐射器上。外部容器通过一个真空罐与内部容器分离，以使得热损失最小，并在两端都设有入口。气体沿着中心软管向下流动，呈辐射状向外通过吸附床，利用一个小的风扇使气体平缓的循环来阻止 Ar 和 N_2等不吸收的惰性气体形成屏障。

最初用纯 CO_2在这个装置上进行试验，设备运行非常理想。进行了三次独立的测试，吸附床（20.5 kg 的 13X 沸石）分别贮存 3.0 kg、3.3 kg 和 3.4 kg 的 CO_2，贮存百分比分别为 14.6%、16.0%和 16.6%。

当这个系统利用火星大气混合物进行测试时，性能变得十分糟糕。吸附床的总能力减小到用纯净 CO_2 的三分之一，并且吸附量受到抑制。显然，$Ar+N_2$ 抑制了 CO_2 的吸收，风扇在吹除不吸收的 $Ar+N_2$ 方面没有作用。这个问题由于 NASA 资助资金的耗尽，最终没有得到解决。

2.5.2　低温压气机

LMA 提出了一个在火星大气压缩二氧化碳的方法并进行了模拟试验（Clark，2003；Clark and Payne，2000）。

这个过程显示了对低功率、高压缩比系统的优质潜能，概念设计是利用一个制冷机使表面温度降到 CO_2的凝固点以下，用一个压力容器围绕在寒冷表面周围，当收集到一定体积的 CO_2时关闭。凝固的 CO_2加热到与周围温度相同，产生高压液态 CO_2进行供给。利用一个低能耗风箱，从寒冷容器中吹除无关气体，建立一个旁流通道。

凝固 CO_2所需的能量包括冷却气体至凝固温度以及升华热所需的能量。克拉克，佩恩和特里瓦斯（Clark，Payne and Trevathan，2001）提出了以下评估：利用平均温度 210 K 的气体，冷却气体至凝固点温度需要 29 J/g，冷却升华产生的热量大约是 598 J/g，共 627 J/g。制冷机利用 5 Watt 电能可以提供 1 Watt 制冷功率，导致获得固态 CO_2的功耗需求为0.871 Wh/g。也就是说，为了每天生产大约 3 kg 的 CO_2，需要2.6 kWh（大约 400 W 功率持续 6 个小时）。利用火星相对温暖的环境容易实现 CO_2的气化。CO_2升温至三相点，液体形成并滴入容器中，形成接近火星周围温度条件下的饱和液体状态。通过在容器壁上以板片的形式增加足够的表面积或在液体流出阶段提供表面积来供应足够的热能，在高输送压力情况下纯净的CO_2供给仍然可以持续保持。由于CO_2在内部热交换器上的收集与容器壁相互独立，这些附加的板片不会影响气体的获取过程。

2.6 NASA 的计划

2.6.1 DRM－5：最新的参考设计任务

在 NASA 2007 载人火星探测改进计划中，DRM－5 评估了 ISRU 在火星上升器推进剂系统以及环控生保和舱外活动所需的消耗品制造方面的潜在效益。对一些降低火星探测器质量的 ISRU 进行了分析。根据 DRM－5：

“重点分析了进行 ISRU 所需硬件设备的质量（包括能源系统）、总体积（包括从地球携带的反应物），以及任何 ISRU 的应用有可能导致的任务或人员损失的风险。之前的 DRM 任务也提供了一些 ISRU 效益的文件，但与 DRM－5 相比缺乏综合分析。之前的研究局限于火星大气资源的调查，但是这项研究还进行了利用表面土壤作为H_2O资源提取原料的调查。火星上升器推进剂主要对 LOX/CH_4、LOX/H_2液氧推进剂的选择进行过测试和对比权衡”。

DRM－5 探讨的 ISRU 应用的一个方面是“利用 ISRU 获取推进剂的策略存在不利因素，因为通过 ISRU 获取推进剂的飞行器自身缺乏应急状态下中止轨道（abort－to－orbit，ATO）的能力。”如果上升器推进剂在火星表面生产，着陆器在着陆阶段不能执行 ATO 机动。DRM－5 指出：

“ATO 策略是从早期载人探测任务就一直采取的降低任务风险的策略。在关键性的任务机动飞行过程中，制定完整的应急策略飞行路线和时序，一旦执行应急救生任务，飞行器将把航天员带到安全的位置，即返回到火星轨道上。在火星原位生产推进剂的策略，由于推进剂在火星表面生产，而不是随着航天员一起携带，ATO 的场景是不存在的。ATO 能力的缺失是进行推进剂原位制造不可避免的，这使得许多人对 ISRU 应用的整体策略不能信服。然而，与没有大气只能依靠动力下降的月球着陆器不同，火星着陆器在下降过程中将利用气动减速。在进入、下降和着陆的专家研讨会上得出一个结论，除了着陆器着陆的最后阶段，即与减速伞分离、接近火星表面的阶段，ATO 在火星着陆过程中基本不可行。因此并非是火星原位制造推进剂失去了 ATO 能力，火星着陆过程中 ATO 本身是不可行的。然而，月球着陆过程中的 ATO 能力损失却是一个非常严重的问题。

DRM－5 也强调在之前的 DRM 任务中已证实，利用火星 ISRU 进行上升器推进剂制造，可以使一个不同于发射满载推进剂的上升器去火星的新概念成为可能。通过 ISRU，在火星预先部署上升器，利用 ISRU 生产推进剂，在两年之后的下次载人飞行任务之前装满推进剂贮箱。

DRM－5 和拉普（Rapp，2007）指出 ISRU 推进剂制造在总体任务设计上有两个主要影响：1）减轻着陆质量；2）与非 ISRU 任务相比，通过在更高的交会轨道进入和撤离火星轨道，可以减少火星轨道器对推进剂的总量需求。虽然 DRM－5 认为“之前的任务评估包含了第一个方面的主要影响，但忽略了第二个主要影响”，但事实上，这不十分准确，甚至 DRM－1 任务也通过 ISRU 使用了较高的环火轨道。

虽然 DRM－5 没有提供数据和相关细节，但它对火星 ISRU 的主要贡献是对多种 ISRU 概念在相对质量减少效益方面进行了评估。这个研究最重要的内容是对以下三个上升器推进剂制造概念的对比：

1）处理火星大气，仅利用 CO_2 的固体氧化物电解制造 O_2。（注：这种方法在技术上是否可行尚不明确，可用的数据显示这种方法几乎不可能（参见第 2.2.2 节）。）

2）利用火星大气和从地球上携带的 H_2 制造 CH_4+O_2。（注：从地球携带 H_2 并在火星上贮存是否可行尚不明确（参见附件 F）。）

3）利用火星大气和火星近地表表岩层的 H_2O 制造 CH_4+O_2。（注：通过对比研究，考虑了两种可能性，表岩层含 H_2O 量为 3%或者 8%。但没有说明这些 H_2O 是水冰还是水合矿物。然而，火星奥德赛探测器发现在近赤道附近区域（300 km 像素范围）含 H_2O 量达到 10%，并且在如此大像素的区域地下洞穴中可能包含多于 10%的大量 H_2O 资源。3%或者 8%的选择是过度保守的估算，但相对于不利用火星原位 H_2O 资源而言，相关研究是非常乐观的。

在这项研究中，并没有提到利用氧化物电解处理火星大气在技术上是不可行的，也没有提到从地球运输 H_2 是不实际的。当然，也没有对我们当前缺少对近地表水的分布和便利获取的相关知识的现象进行太多的讨论。

这些研究对上述三种概念模式的质量、体积和能源需求进行了评估。然而，相关功耗数据可能不是关键，因为核能系统有可能实现应用。在航天员着陆前用于 ISRU，在航天员着陆后为科考站提供能源供给。如果提供载人科考站的能源比任何形式的 ISRU 能源需求高，对于不同 ISRU 概念的能源需求就不重要了。由于能源无论如何都要为载人科考站供电，因此 ISRU 的能源需求可以被认为是“免费的”。即使为载人科考站供给的能源比 ISRU 的能源需求低，核能源的质量增加也不多，ISRU 的应用需求使用更大尺寸的核能源。显而易见，如果 H_2 从地球携带，对航天器的体积需求是最高的。因为尚不清楚需要什么样的设备处理火星土壤中的 H_2O，所以这个方案中的体积需求不容易预测。

遗憾的是，在这些对比研究中没有给出相关细节，也不可能重新进行独立研究并评估方案的合理性。相关研究假定能源供给系统包括一个核能源；通过一个“微通道吸收泵”执行 CO_2 的获取和压缩（Brooks，Rassat and TeGrootenhuis，2005）；低温方案（2.5.2 节）仍然是较优的，但没有给出选择这种 CO_2 收集器的理由。

DRM-5 所有可用的数据是一个小的条形图，给出了各种 ISRU 方法相关有利因素的计算结果。DRM-5 没有详述利用 ISRU 将为上升器推进剂节约多少质量。基于之前的 DRMs 任务，依赖于详细的任务设计上升器推进剂可能共计约 30～40 t。DRM-5 确实估算了用于运行 ISRU 系统需要转移到火星表面的质量，结果如表 2-2 所示。

表 2-2　各种 ISRU 概念取代 30～40 t 上升器推进剂需要转移到火星表面的质量估算

ISRU 和上升器推进剂	转移到火星的质量（t）
从地球携带 CH_4；从火星大气利用 CO_2 固体氧化物电解制造 O_2	7.5（包括 6.0 t 的 CH_4）
从地球携带 H_2；利用 H_2 和火星大气生产 CH_4+O_2	3.2
不从地球携带任何资源；利用火星大气和表岩层中的水（假设 3%的 H_2O）生产 CH_4+O_2	2.8
不从地球携带任何资源；利用火星大气和表岩层中的水（假设 8%的 H_2O）生产 CH_4+O_2	2.0

显而易见，根据这个研究，与从地球携带 30～40 t 上升器推进剂相比，所有 ISRU 概念都可以显著降低 IMLEO。第三种概念制造 CH_4 和 O_2 的方案质量减少得最多。

DRM-5 的 ISRU 存在三个方面的问题需要深入讨论：1）固体氧化物电解；2）从地球运输氢气到火星；3）微通道吸收 CO_2 压缩机。

在 2.2.2 节讨论过，没有证据表明 CO_2 固体氧化物电解具有可行性，并且证明的重点在于 NASA 证明这一过程是可行的。然而，NASA 在过去的十年中，把研究 ISRU 的经费都集中在月球 ISRU 上，没有为火星 ISRU 研究分配资金，并且由于在 20 世纪 90 年代仅开展了极少的关于 CO_2 固体氧化物电解的小型试验，因此这方面没有什么研究进展。

附录 F 中详细讨论了运输氢气到火星的问题，结论是运输氢气到火星是可能的，但这需要详细研究和分析。质量、体积和功耗将非常巨大。事实上，运输氢气的难点是氢气贮箱被紧紧包覆在大量防热壳体内，DRM－5 完全没有提供任何细节。但火星存在大气，多层隔热材料无法生效，即使运输氢气到火星是可行的，在火星表面贮存氢气也是一个巨大的挑战。根据第 F.2.3 节，贮存在火星的氢气会迅速蒸发掉。

关于微通道吸附 CO_2 压缩机，CO_2 吸附循环的能源需求比低温压气机高得多，并且由于需要处理庞大体积的大气，利用微通道吸附 CO_2 压缩机似乎没有什么优势。从公布的巴蒂尔和 RWGS 过程研究成果来看并不令人信服（Brooks，Rassat and TeGrooten－huis，2005）。

如表格 2－2 中列出的所有 ISRU 概念都可以显著地减少质量，生产制造 CH_4 和 O_2 的过程对质量的减少最多。然而，这些过程需要氢气资源。将氢气运输到火星存在一定的问题，并且在火星上贮存氢气更加困难。利用火星近地表原有的 H_2O 资源是一条更加实际的途径。然而，我们还没有充分详细的探测火星，不太了解火星近地表 H_2O 资源是如何分布的，形式是什么样的。而且，探测成本可能会十分巨大。尽管如此，对于长期科考站任务而言，上升器的推进剂、环控生保以及基础资源的优势都使这个途径非常吸引人。更有可能的是根据 DRM－5 的猜想，火星 H_2O 资源的贮存高于 3％～8％的浓度。而且，用于执行 ISRU 的核能源在乘员到达火星之前就部署完毕，这将为载人火星探测提供能源，这使得能源需求不会成为这个方案的关键。DRM－5 评估这个过程如下：

“虽然基于火星土壤的方法从总质量和体积的前景来看是有希望的，但用于任务执行所需要的设备仍然存在巨大的挑战，如挖掘机、运输机等。”

然而，NASA 似乎对应用挖掘机和运输机进行月球 ISRU 足够满意（参见 3.2.4 节）。DRM－5 持续为利用固体氧化物电解制造上升器氧气的大气处理过程提供建议。这是一个非常糟糕的选择，因为固体氧化物电解所面临的挑战远远大于利用挖掘机和运输机提取含 H_2O 表岩层所面临的问题。

2.6.2　NASA 最近更新的信息

桑德斯（Sanders，2012）重申 DRM－5 最近更新的结论[6]，但尽管有了仅处理大气的这个决定，在“测量区域使 ISRU 的风险和成本最小”的前提下，“挥发物的测量/土壤中的水含量或土壤属性”的优先级最高。包括：

“挥发物成分（水、CO_2、CH_4 以及相关气体水合物），挥发物状态（化学结合态、吸附、冰、水合物以及液体/卤水），三维分布，地面传导率，热，扩散包络，对表岩层的影响，力学性能，边坡稳定性的影响以及全球变化（水合物、永久性冻土、冰）。”

如果仅仅对火星大气进行处理，为什么这些测量优先级高？NASA 的研究人员对 ISRU 的方法出现了分歧。显然，桑德斯相信利用土壤中的 H_2O 也许是最好的方法，但 NASA 的项目设计者对土壤处理存在疑问，并且倾向于依靠未被证明的大气处理方法。但 NASA 的工作人员必须服从 NASA 的上级决定，即使这个决定是错误的。

在相同的报告中，桑德斯提出两种在火星上的 ISRU 实验，但这些实验并不需要在火星上完成，至少短期内不需要在火星完成。这些试验可以在地球上模拟火星环境的罐子中进行，在不同条件下以最小的成本获得更多的数据。如果研究火星尘土对大气吸入量的影响是适当的，则实验不需要演示全部过程，更多直接和完整的数据可以在实验室中获得。此外，其中的一个实验（关于火星生产推进剂的推进利用）采用了基于水的 ISRU 和低温 CO_2 收集器，与 DRM－5 的选择相冲突（注：显然桑德斯比 NASA 当局更明智）。另一个实验（关于火星原位推进剂制造原型样机）在地球或火星很少用到。桑德斯也继续建议利用各种复合火星有效载荷来调查土壤中挥发物的含量。然而，这些建议是没有必要的。首先，这与 DRM－5

[6] “Mars ISRU: Update from 2004 Mars Human Precursor SSG Study,” G. Sanders presentation, March 2012.

仅用大气进行 ISRU 的建议冲突；其次，这些雄心勃勃的土壤处理实验有些本末倒置，这些着陆有效载荷的问题是我们不知道要在哪里着陆，NASA 过去拒绝面对 ISRU 资源探测的需求。他们对利用着陆载荷分析土壤和验证用于 ISRU 的拼凑系统感兴趣，但首先要找到资源。想把这些拼凑的系统着陆在火星的什么地方呢？

如在 2.1.2 节中提到的，有迹象表明，在火星近地表面 H_2O 广泛分布，甚至在一些接近赤道的区域也有分布。如果这些地方可以到达，将提供大量的氢资源。在火星上 ISRU 的主要问题不是工艺技术的发展，而更多的是对火星近地表 H_2O 资源的探测[7]。需要确定和描述火星上最好的近表面 H_2O 资源贮存位置，这些位置可以提供温和的气候。第一步是对在轨道上识别出的火星富含 H_2O 资源的区域，利用中子/伽马射线分光计进行大范围（至少几十千米）近地表面观测。这可能需要热气球、飞机或者滑翔机、着陆器集群，也可能是短时间降轨飞行的轨道器，这些技术在 NASA 优先级列表中没有任何一项优先级是高的。事实上，这些技术能否被列在其中还不可知。第二步是基于巡视器，利用中子/伽马射线分光计对高浓度 H_2O 含量地区进行详细的探测，并测绘出水平分布以及在某种程度上的垂直分布。第三步是集中关注在第二步中发现的位于最好地理位置的地表以下的真实情况、H_2O 资源的形式，并提供土壤的属性信息以便于挖掘和处理。最后一步是投放一个试验设备，挖掘、运输和处理表岩层，获取和净化水，并提供这些资源用于 ISRU 的验证。NASA 从没有想过开展这样一个任务活动。

在 2005 年之前，NASA 关于 ISRU 的项目研究还试图同时进行月球和火星 ISRU，尽管资金非常有限。但在此之后，NASA 指挥部忽视火星 ISRU，并且基本上把所有的资金都投入到了月球 ISRU 中。然而，月球 ISRU 尚未在任何方面做出具有重大意义的事情。如果有一个合适的前期投资支持开展火星近地表面 H_2O 资源位置的探测，火星 ISRU 回报可能会非常高。

---

[7] 这里我们用 H_2O 而不是水，因为还不确定是否存在 H_2O、水冰或矿物水合作用。

第 3 章　月球 ISRU 技术

3.1　月球资源概况

月壤包含的元素成分如表 3－1 所示。

表 3－1　月球月海和高地区域的月壤元素丰度

	元素质量丰度（%）			氧化物质量丰度（%）		
元素	月海	高地	月面平均	月海	高地	月面平均
O	60.3	61.1	60.9	—	—	—
Na	0.4	0.4	0.4	0.6	0.6	0.6
Mg	5.1	4.0	4.2	9.2	7.5	7.8
Al	6.5	10.1	9.4	14.9	24.0	22.2
Si	16.9	16.3	16.4	45.4	45.5	45.5
Ca	4.7	6.1	5.8	11.8	15.9	15.0
Ti	1.1	0.15	0.3	3.9	0.6	1.3
Fe	4.4	1.8	2.3	14.1	5.9	7.5

根据泰勒和米克的文献（Taylor，Meek，2005）：

“月壤是分布在月面的一层细粒度土壤，95%（质量百分比，书中下同）的月壤颗粒直径小于 1 mm；50%的直径小于 50 μm（相当于人类头发的直径）；10%～20%的直径小于 20 μm。由此可见，月壤颗粒的大小分布是很分散的，再加上颗粒的不规则外形，月壤的表面系数较大，约为 0.5 m^2/g。事实上，月壤颗粒的表面面积大约为一个具有等效直径的球状颗粒表面积的 8 倍以上。受以上两个因素的影响，即使月壤被压缩得非常紧密（在压缩和振动的联合作用下，孔隙度仍很高，按陆地标准计算质量分数大约为40%～50%），月壤颗粒也不会像均匀球体那样有效地聚集在一起。”

根据麦克爱和杜克的文献（McKay，Duke，1992）：

“月壤的形成和演化主要是通过两种方式：1）角砾岩化，包括陨石和彗星撞击形成的粉末；2）各种类型太阳风挥发物的嵌入。月球土壤（表岩层）受到空间辐射的时间越长，粉化和风化的程度越大。同时还存在两种作用相反的过程：首先，较大的撞击会导致月壤外部的较大体积物质的脱离；其次，微小陨石的撞击会导致月壤细粉与液态硅酸盐（玻璃）胶合在一起。因此，月球表面同时存在破坏性和建设性两种作用过程。

微小陨石撞击产生的细粉被加热会引起太阳风挥发物的释放，并对月球上挥发物的分布和再分配起到重要作用。胶合物的形成同样会减少月壤中可用矿物（颗粒直径小于1 mm）的浓度。

太阳风挥发物在月壤表层的浓度范围测量如下：

H　10～120 ppm

C　20～280 ppm

N　20～160 ppm

根据泰勒和米克的文献（Taylor，Meek，2005）：

“月壤形成的主要原因是微小陨石的撞击作用。但岩石在被撞击粉碎的过程中，由于熔融作用也生成了大量的类似玻璃的物质（典型的有40%～75%）。两种作用相反的过程，即大块颗粒被粉碎成细小颗粒和硅胶盐融化胶合为玻璃质聚合物，同时发生作用，这两种过程使得月壤的组成特性更加复杂。月壤基本上由岩石碎片组成，但是包含大量撞击形成的玻璃质物质。

潜在的月球资源基本上包含四种：

1）月球高地区域月壤中的硅酸盐，典型的含氧量>40%；

2）月球月海区域的月壤，平均铁矿石含量14%，一些区域超过 25%；

3）月壤太阳表岩层中的太阳风化物（典型含量约为百万分之几十或百万分之几百）；

4）月球极地永久阴影区月壤中的水冰（含量目前未知，有可能在某些区域达到百分之几，但垂直还是水平分布均属未知）。

3.1.1　月壤中的硅酸盐

从月球高地区域月壤中提取制备氧气的月球 ISRU 技术有两个优势：

1）月壤中有＞40%的相当可观的氧含量；

2）月壤在月球上随处都可获取，且在月壤处理的过程中可以使用太阳能。

但是月壤中的氧元素存在于化学键较强的硅酸盐中，破坏硅酸盐的化学键需要较为严格的条件，温度一般高于 1 000 ℃，特殊的处理过程温度甚至要求达到 2 500 ℃。此外，还需要氢或碳作为还原剂，才可以从硅酸盐中将氧分离出来。

尽管从硅酸盐中分离氧的过程存在很大挑战，但文献记录表明，NASA 对此项技术还是保持乐观态度。这些技术要求反应炉装置可达到相当高的温度，并可容纳月壤以及释放废料或残渣。从这些研究中可推断，在月球环境中这个反应过程自发进行的可能性非常小。

即使能够做成一个可实用的装置，用于从硅酸盐中分离出氧气的高温反应炉，开发和验证自主 ISRU 系统，也仍然面临着诸多挑战（和成本问题），例如月壤的挖取、向高温反应炉运送月壤、高温反应炉的自主运行（月壤不能粘结、烧结或黏结）以及移除高温反应炉中的反应废渣到废料堆等。

3.1.2　月壤中的 FeO

月海区域的钛铁矿、橄榄石、辉石和月壤玻璃质物质含有铁的氧化物，相比硅酸盐，这些物质可以在较为温和的条件下采用氢还原的方法制备铁和氧。月海区域发现的钛铁矿包含高浓度的 FeO，且在一些区域的月岩中含量充足，约为 25%以上。富含钛铁矿的原料带来的好处是能够减少氢还原过程中原料的用量，从而降低材料加工过程的需求。

3.1.3　月壤中的太阳风化物

来自公开发表的资料描述如下：

“由于月球上不存在大气，而且太阳风离子移动速度很快，它们被嵌入或被植入到月球的表面物质中。太阳风离子深入到月岩和矿物颗粒中的深度很浅，只有百分之几微米，因此所有的太阳风化物原子都存在于月壤颗粒的最外表层。陨石撞击的搅拌作用使得上层数米深的月壤富含被嵌入的氢和氦。由于越小的月壤颗粒具有的表面积越大，太阳风化物离子在小颗粒的月壤中的含量比在大颗粒中的高。”

3.1.4　极区永久阴影区月壤中的水冰

以下内容摘自：*http://nssdc.gsfc.nasa.gov/planetary/ice/ice_moon.html*

月球勘探者号探测器（Lunar Prospector）的探测数据表明水冰有可能存在于月球的南北两极，与克莱门汀（Clementine）号在 1996 年的数据相一致。探测数据显示出水冰是以水冰/月壤（表面月岩、月壤和月尘）混合物的形式存在，含量约为 0.3%～1%。月球勘探者号探测器搭载的中子谱仪长期探测到的数据还表明：月球上水冰资源很可能存在于 40 cm 深的干燥月壤之下，而且月球北极的水冰含量大于南极区域。月球南极和北极区域的水冰含量平均都是约为 1 850 km^2，水冰的总质量约为几十亿吨。

月球表面没有大气，因此月表上的物质直接暴露在真空中。这就意味着水冰会极其快速地直接转变成水蒸气，并且逸散在太空中，因为月球的低重力在任何时候都不能吸引住气体，在一个可见的月球日（大约 29 个地球日）内，月球上所有的区域都会暴露在阳光下，受阳光照射的月表温度会直接升高至400 K，因此直接暴露在阳光下的任何形态的冰都会消失。只有一种可能就是在月球极地的永久阴影区中的水冰会保存下来。

克莱门汀探测器拍摄的图像显示在月球南极点的撞击坑底部存在永久阴影区，事实上，月球南极大约 6 000～15 000 平方千米的区域是永久阴影区。图像还显示北极点附近区域的永久阴影区面积并不大；但是月球勘探者探测器拍摄的图像显示北极点附近含水区域更大。在南极点附近的永久阴影区主要位于艾肯盆地中，最大的撞击坑的直径可达 2 500 km，最深处超过12 km。在艾肯盆地中还有一些较小的撞击坑。因为这些撞击坑的高度比盆地矮，因此这些撞击坑的地表从未照射过阳光，在这些撞击坑内部的温度从来没有上升过，保持在 100 K 左右，在这种温度环境下任何形式的水冰都会保存在十亿年以上。

月球表面持续不断地遭到微流星和微陨石的撞击。这些撞击物中大多数都含有水冰，并且月球坑表明这些撞击物大多数是较大的物体。如果有水冰在撞击中留存下来，它们将由于撞击作用分布在月球表面的各个地方。大部分水冰会由于太阳照射快速汽化而挥发到太空中，但有一些，直接进入撞击坑或由于分子迁移作用到达这些地方并永久冻结。一旦进入到撞击坑中，水冰就变得相对稳定。因此，随着时间的推移，永久阴影区的水冰资源将不断地累积和保存。

在 2009 年，NASA 利用月球勘测轨道器和月球撞击坑观测与遥感卫星（LCROSS）执行了月球撞击任务，撞击区域在南极卡布斯(Cabeus)，并在撞击坑区域观测到了氢氧基的光谱特性，进一步说明了水冰的存在。

3.2 月球 ISRU 过程

2006 年，NASA 总结了月球原位资源利用的研究成果，为后续的重返月球计划做准备。研究成果被编撰成名为“棒球卡(baseballcards)”的系列报告，在接下来的章节中将对这些研究成果进行总结。

3.2.1 月壤 FeO 的氧提炼

氢还原系统的原理是利用氢还原作用，对月壤中的氧化铁及其衍生物进行化学提炼。还原系统可以在月昼期间连续不断地工作（2 周半的时间）。加热的月壤原料与氢气（从地球运送来）反应生成水，反应温度一般为 1 200～1 300 K。生成的水再通过电解作用，产生可循环利用的氢并释放出氧气。对于一个氢还原系统，反应过程并不复杂，且中间需要补给的反应原料较少，反应温度低于月壤的熔化温度。在月球上含铁量较为丰富的钛铁矿、橄榄石、辉石和玻璃均能够通过氢还原过程进行提炼。其中，月海区域的钛铁矿中 FeO 含量最为富集，约为 25%左右。相比之下，月球高地的钛铁矿中含 FeO 较低，约为 5%左右；从这些月壤中还原出来的氧仅为 3%左右。[注：实际上，氧气的产量是 16/72×5%＝1.1%，假设能够 100%的回收，这里 16/72 是 O/(O＋Fe) 的分子量的比值。] 通过筛选钛铁矿可以减少提炼过程的反应时间和矿渣处理时间，反应装置一次反应的预期时间为 1 小时。

通过一个螺旋钻取系统将月壤从加料斗输送到反应装置后，氧气制备过程开始。螺旋钻取系统同时还起到了热交换器的作用：从反应装置移除的废料中获得热量并起到预热作用。整个过程需要使用三个反应床：一个用来预热，一个空置，一个在整个过程中起化学反应作用。

上述的反应装置是一个复杂的反应系统，几个反应器采用交互的方式工作，从而最大化工作时间并减少能源需求。反应产生的水直接进入到电解室，电解成氢和氧。氢气通过循环系统流入反应装置内继续与月壤进行反应，氧气被输送到贮存罐中进行液态压缩保存。

具体操作过程总结如下：

1）首先将以下系统运送至月球表面：挖掘机/搬运机、氧气制备装置、液氧贮存罐和月面冷库；

2）挖掘机/搬运机从挖掘位置收集月壤，并将其运送至氧气制备装置；

3）挖掘机/搬运机装载月壤废渣并运送至废弃场；

4）月壤同时从加料斗运送至反应器，从反应器到搬运机，并通过一个逆流热交换螺旋钻恢复新月壤 50%的热量；

5）当反应器内温度达到 1 200 K 时，将氢气引入反应器内；

6）将反应器内产生的水进行浓缩和提纯，并将水送入质子交换膜（PEM）电解池中；

7）产生的湿润氢气被送入冷凝器，将水分离，析出的水分再循环流入电解池中，而干燥的氢气则进入反应腔内进行再循环利用；

8）产生的湿润氧分别通过冷凝器和干燥器，将水份含量控制在 25 ppm；

9）干燥的气态氧被输送至表面冷库进行液化并贮存；

10）用液氧罐将表面冷库中的液氧运送给最终用户。

NASA 整理了利用氢还原法制备氧气系统的各项指标如表 3-2 和表 3-3 所示。

表 3-2　在月海地区利用氢还原法提炼 FeO 的各项指标

（来源于“棒球卡（baseballcard）”报告）

氧气的年产量/t	1	10	50	100
系统质量/kg	88	469	1 960	3 919

续表

氧气的年产量/t	1	10	50	100
额外质量/kg	18	94	392	784
总质量/kg	106	563	2 352	4 703
系统体积/m^3	1.9	19	28	55
系统功率/kW	1.4	13	61	122
月壤给料速率/（kg/h）	9	83	200	400

表 3－3　在月球高地利用氢还原法提炼 FeO 的各项指标

（来源于“棒球卡（baseballcard）”报告）

氧气的年产量/t	1	10	50	100
系统质量/kg	88	785	2 773	5 546
额外质量/kg	18	157	555	1 109
总质量/kg	106	942	3 328	6 655
系统体积/m^3	1.9	21	26	51
系统功率/kW	1.1	10	47	94
月壤给料速率/（kg/h）	16	183	827	1 654

（注：表 3－3 与表 3－2 的本质区别在于：钛铁矿的含量由月球高地的 5%变为月海区域的 14%。这意味着，月球高地的加热功率相对月海区域需乘以一个（14/5）＝2.8 的系数，各项质量也应当相应地非线性增加。但是表中并没有呈现出如此规律，因此很难理解各项指标是如何进行估算的，本书单独对功率需求进行了如下估算。）

要求是将 X kg 的月壤从 200 K 加热到 1 300 K。假设 50%的热量可从热交换器中恢复，且反应器内的热损失为 10%，虽然假设的条件比较苛刻，但在本案例中能够被普遍接受。所需要的热量计算如下

$$热量=(X\ \text{kg})(0.000\ 23\ \text{kWh/kg}\cdot\text{K})(1\ 100\ \text{K})(0.5+0.1)$$
$$\approx(0.15\ X)\text{kWh}$$

虽然没有提供月壤质量需求，但可以进行假设。如前所述，月

海地区铁矿石的含量为14%，说明其中氧的含量约为0.22×14%=3.1%（月壤的质量百分比）。进一步假设氧气的制备效率为90%，那么所需要的月壤量为（0.031×0.9）或者 M（O_2）/（0.028）。结果如表3-4所示，与表3-2的结果形成闭环。

表3-4　月海地区提炼FeO的能源需求

氧气的年产量/t	1	10	50	100
月壤年消耗量/t	33.6	336	1 680	3 361
月壤年消耗量/kg	33 613	336 134	1 680 672	3 361 344
功率/kWh	5 042	50 420	252 100	504 201
小时/h	3 500	3 500	3 500	3 500
加热月壤功率/kW	1.44	14.4	72	144

如前所述，月球高地提炼FeO所需的能量相比月海地区，需乘以2.8的系数。计算结果如表3-5所示，能量需求比表3-3的结果要大得多。

表3-5　月球高地提炼FeO的能源需求

氧气的年产量/t	1	10	50	100
月壤年消耗量/t	94	941	4 706	9 412
月壤年消耗量/kg	94 118	941 176	4 705 882	9 411 765
功率/kWh	14 118	141 176	705 882	1 411 765
小时/h	3 500	3 500	3 500	3 500
加热月壤功率/kW	4.0	40	202	403

3.2.2　月壤硅酸盐中的氧提炼

在高温环境下利用碳还原法可实现对月壤中硅酸盐的氧、硅、铁和陶瓷材料进行提炼。直接热源在某一时刻只对被选取的局部月壤进行处理，周围的月壤则作为保护支撑结构的绝缘层，汇聚的太阳能被定向填充到了月壤的坩埚顶部中央区域。具体方式可以选取太阳光集热器对选取的月壤进行加热。

利用硅酸盐提炼出来的氧气质量百分比要比利用氢还原法高。因此，利用这种方法制备氧气的位置可以选取在铁含量较低的地方，比如月球高地，当然，月海地区也是一个选择。高达 2 600 K 的反应温度要求太阳光能够聚焦在很小的一个地方从而进行加热。甲烷和氢气通过一个甲烷催化反应器和水电解池进行再生循环。整个系统的输入是月壤、高聚焦度的太阳热能和电解水的直流电能，产出物是氧气和矿渣。

这个方案的具体操作过程如下：经过粉化和筛选后的月壤被放置在一个由多个反应单元组成的环形阵列中。使用一个太阳能集热器为碳热还原单元表面的月壤提供直接加热，同时甲烷气体被注入到还原室中。月壤吸收太阳光的热量后在表面的中心区形成熔壤区，周边的月壤层起到了绝热作用。还原室中的甲烷在熔化的月壤表层经历分裂反应生成碳和氢。碳直接扩散至融熔的月壤对氧化物进行还原反应，而氢气又被引入至还原室中。可调节的太阳光集热器能够确保高集中度的太阳光束聚焦在月壤表面。凝固后的还原反应熔渣通过耙除系统移出月壤床。为了减少整个过程中气体的流失，熔渣和月壤运送系统通过双气闸室执行运送工作。

在太阳光加热过程开始后的短时间内，反应气体通过泵从还原室内慢慢地抽送至催化反应床中。陶瓷玻璃材料则会掉落还原室底部的收集箱。顶部放置了一个密封的加料斗用于将新的月壤添加到还原室。机械臂完成月壤原料在托盘中的布撒。通过还原室的气孔可实现甲烷气体的注入和生产气体的抽出。

催化反应床将碳高温还原反应产生的一氧化碳和氢气转化为水和甲烷气体，在系统反应的初始阶段，需要保留一小部分氢气在还原室内。然而，一旦碳热还原反应进入稳定工作阶段（或者说当水开始通过电解能够产生氢气时），便不再需要补充氢气。

从催化月壤床中流出的气体需要进行水分分离。在基线设计方案中，采用了一个简单的水冷凝器对水进行分离。经过提纯的甲烷气体流经贮存罐后又重新流入还原室中参与对月壤的还原反应。

贮水罐中贮存的水流入质子交换膜电解池中，电解后生成氧气和氢气。电解系统中包含水再生系统，从而确保电解槽得到降温，并将进入还原室之前氢气中的多余水分分离出来。氧气在进入液化贮存之前，同样也会流经冷凝和干燥系统。

提炼方案具体操作过程总结如下：

1）首先将系统和设备运输至月球表面：如挖掘机/搬运机、氧气制备装置、液氧贮存罐以及月面冷库；

2）挖掘机/搬运机从挖掘位置收集月壤并将其运送至氧气制备装置；

3）挖掘机/搬运机装载月壤废渣并运送至废弃场；

4）太阳能集热器直接将太阳能引入还原室，同时开始注入甲烷气体；

5）反应过程产生的一氧化碳流经过滤器，将其中的硫化物过滤掉；

6）一氧化碳和氢气在还原室中反应生成水和甲烷；

7）反应生成的水经过冷凝和过滤后被送入质子交换膜电解池中；

8）甲烷循环利用流入月壤还原室内；

9）产生的湿润氢气经过冷凝器，分离出水，水流入电解池中，提纯后的氢气循环进入催化还原室中；

10）产生的湿润氧分别通过冷凝器和干燥器，将水份含量控制在 25 ppm；

11）提纯后的氧气送入月面冷库中液化贮存；

12）液氧从月面冷库中运送至液氧使用者。

（注：上述方案设计中对原料选择、光学加热和化学反应等多个方面均提出了极端挑战，操作过程非常复杂且不切实际；同时，也没有证据显示这套系统能够自主运行。因此，根本没有必要再对这套设计方案做质量/能源需求的评估。）

3.2.3 月壤中的太阳风挥发物

(1) 基本含量

对阿波罗计划中带回的月岩样品的研究表明，月岩加热会产生一些易挥发性物质。2006 年，NASA 设想通过提取氢气用于制备低温推进剂和提取氮气用于制造空气、居住环境调节。设想中每年所需的 H_2 和 N_2 的质量为 7 775 kg/年（或者说约为 8 000 kg），制造的推进剂能够支持每年两次的月面发射，同时为航天员呼吸和居住提供每年 1 500 kg 的空气。为了设计挥发物提取装置，最好的方案设想是月球太阳风挥发物中 H_2 和 N_2 的含量都为 150 ppm（未经证实），而且所有的 H_2 和 N_2 均能够通过加热过程提取出来，所有的 H_2 和 N_2 都被收集并贮存在 600psi 的加压罐中。

[注：月面每次发射需要消耗 8 000 kg 氧推进剂（同时需要 2 600 kg 甲烷推进剂），每年进行两次发射，也就是说在 360 s 比冲的情况下，每年的推进剂需求为 2×10 600 kg=21 200 kg。如果使用 H_2+O_2 作为推进剂（比冲 450 s），那么推进剂需求为（360/450）×21 200=17 000 kg，在 H_2/O_2 为 1∶6.5 的比率下，每年两次发射对 H_2 的需求为 17 000/7.5=2 260 kg。在这种情况下每年不再需要 7 775 kg H_2。]

研究声称，每年为了制造呼吸和居住用的空气需要消耗 1 500 kg 的 N_2 的说法有些不切实际。每人所需要的 O_2 为 1 kg/天，那么 4 名航天员（乘组人员）一年所需 O_2 为 4×365×1=1 460 kg。如果用来制造空气，那么 1 份的 O_2 对应同量的 3 份 N_2，4 名航天员一年所需 N_2 为 3×1 460 kg=4 380 kg。因此，N_2 相比 H_2 来说，对系统的规模决定作用更大。但是既然 NASA 的经典报告中提到“氢的需求量要比氮大，以下的计算是基于氢的需求的”。

决定采用哪种处理方法考虑的首要因素是确定所需要处理原料的质量。如前所述，氢的含量为 150 ppm，因此每年需要 53 333 333 kg 的月壤进行 8 000 kg H_2 的生产（见表 3-6 所示）。假设月壤的密度为 1 500 kg/m^3，一年内有 70%的时间工作，那么月壤的体积需求为 35 556 m^3/yr 或 5.8 m^3/h。

［注：如前所述，起决定性作用的应该是每年 4 380 kg 的 N_2 和每年 2 260 kg 的 H_2 需求。此外，一年中 70%的工作时间也只是乐观估计。本书将使用月壤中太阳风挥发物 75 ppm 含量的指标和 40%的年工作时间进行指标预估（见表 3－7 所示）。］

表 3－6　提取太阳风挥发物所需的月壤需求（依据经典报告）

	单位	H_2（8 000 kg/r）	N_2（1 500 kg/yr）
月壤需求	m^3/yr	35 600	6 670
月壤需求	kg/yr	53 333 300	10 000 000
月壤需求（70%的年时间）	m^3/h	5.80	1.09
月壤需求（70%的年时间）	kg/h	8 700	1 630

表 3－7　提取太阳风挥发物所需的月壤需求（本书）

	单位	H_2（8 000 kg/yr）	N_2（1 500 kg/yr）
月壤需求	m^3/yr	10 000	19 470
月壤需求	kg/yr	15 000 000	29 200 000
月壤需求（40%的年时间）	m^3/h	2.8	5.57
月壤需求（40%的年时间）	kg/h	4 300	8 330

［注：报告中并没有评估从月壤中提炼太阳风化物的能源需求（每小时要处理 5.6 m^3 或大约 8 400 kg 的月壤）。假设月壤的比热容为水的 1/5，并且假设需要 600 ℃的温度才能够对月壤进行提炼，能源需求为（8 400 kg/小时）（0.000 08 kWh/kg · K）×（600 K）＝400 kWh 或者稳定的 400 kW 的能量用于月壤的加热。虽然反应器中月壤废渣的余热可以用来预热新加的月壤原料，但要实现一个这样功能的热交换器相对来说可能会比较困难。很明显，这种方案下的能源需求是相当大的。］

(2) 操作流程

棒球卡系列报告中阐述了几种半连续工作状态下的月壤加热处理方法。报告中放弃了一种每小时都要向反应器中加料的方案，同时还否决了一种采用螺旋钻进行月壤钻取并同时进行太阳风化物含量评估和加热的方案。

NASA 从长远考虑，选择了第三种月壤批处理方法。在这个过程中，有一个大型的、可充气展开的穹顶反应区，并带有一个中心驱动的钻取装置，类似于农用地窖的顶部卸料装置。钻取装置在一个较低的频率下运行，每一次约钻取 1 cm 深度的月壤。钻取出的月壤通过传送器进行搬运。传送器将月壤输送至高处加热炉中时，对其进行加热处理并将挥发物析出。产生的 N_2 被液化压缩并贮存至冷库中，H_2 则被送入金属氢化物床。月壤废弃物输送至穹顶系统周围，从而为反应过程提供越来越好的外界隔离环境。

对于每年生产 2 000 kg 氢气的需求有两种系统规模设计：1）带有 2.5 m 长钻取机构的 8.5 m 的直径穹顶装置设计；2）带有 1.75 m 长的钻取机构的 5 m 直径穹顶装置设计。在两种设计中，穹顶反应区均为可充气展开结构，底部与月壤进行接触并在穹顶周围利用月壤进行加固和封闭。在反应区充气展开后，传送器、清扫机和它们的驱动机构都需要首先安装到位。另外，穹顶反应系统应当装置有四轮的可移动系统，这样的话，将月面一个地点的月壤挖掘提炼完毕后，可以利用液压系统将反应系统升起，并移动至邻近的另外一个区域进行固定安置并继续进行原位生产。在这两项设计中，反应系统可能需要 24 h 变更一次位置。

针对 8.5 m 直径穹顶反应系统的方案，钻取机构以 0.134 rpm 的速度进行钻取，每一转能够钻取 1 cm 深度的月壤。这样的话，在系统工作的 24 h 内，22 h 用于生产 35 m^3 的月壤，剩下的 2 h 用于反应系统的移动和固定安置。在整个过程中，直径 5 m、深度 1.8 m 的月壤被钻取出。

相似地，针对 5 m 直径的穹顶反应系统方案，钻取机构以

0.115 rpm 的速度进行钻取，每一转能够钻取 1 cm 深度的月壤。在系统工作的 24 h 内，需要使用三个反应区，每个反应区有 11.7 m^3 的月壤可处理。整个过程中，每个反应区直径 3.5 m、深度 1.2 m 的月壤被钻取出。

这个概念在如下假设的基础上：

1）在月面首先部署一个移动式的可充气展开的穹顶反应系统，充气结构有足够强度且具备在月面环境使用多年而不漏气的能力；

2）系统规模建立在 2 000 kg 的 H_2 的年产量基础上；

3）月壤中所有的 H_2 都能被提炼出来，所有的 H_2 都能被获得和恢复，无损失；

4）在一年 365 天的周期内，系统 70% 的时间都在运行；

5）钻土机在月球重力环境下进行每转 1 cm 厚度的钻取工作；

6）钻取机构在每个位置的工作周期结束后，能够顺利地从钻洞中拔出；

7）穹顶反应系统装有四轮移动系统，能够在月面进行移动；

8）传送器在将月壤运输到内部核心反应区时，供给月壤的能量应当足够使月壤从 0 ℃升温到 500 ℃。

（注：NASA 的上述方案实在是太小题大做了，整个操作过程如此不切实际，因此根本不值得去评价。）

3.2.4　月球两极永久阴影区撞击坑水冰的提取

（1）设想方案概述

报告中关于在月球两极永久阴影区撞击坑中提取水的方案设想如图 3-1 所示，在距离永久阴影区撞击坑边缘 8 km 的位置开展水冰资源的提取工作。水冰和月壤的混合物从挖掘位置运送至 100 m 远处的水冰提纯萃取车间，通过加热原料将水冰以水蒸气的形式升华出来。水蒸气由反应室驱动，经过高表面积、辐射式制冷机，通过反应室与月球真空环境之间的压力差进行冰冻。当制冷机满载时，将它从真空环境隔离开，反应器对其加热将冰融化。融化的水通过输送管道抽送至贮存罐中。当贮水罐装满时，将其运送至撞击坑边缘的电解系统处。之所以将电解系统安置在撞击坑外边缘，是因为太阳光照能够需要长时间的提供能源，而那里一年有70%的时间可以获得太阳能，一次间歇期少于100小时，而在撞击坑内是几乎不具备光照条件的。

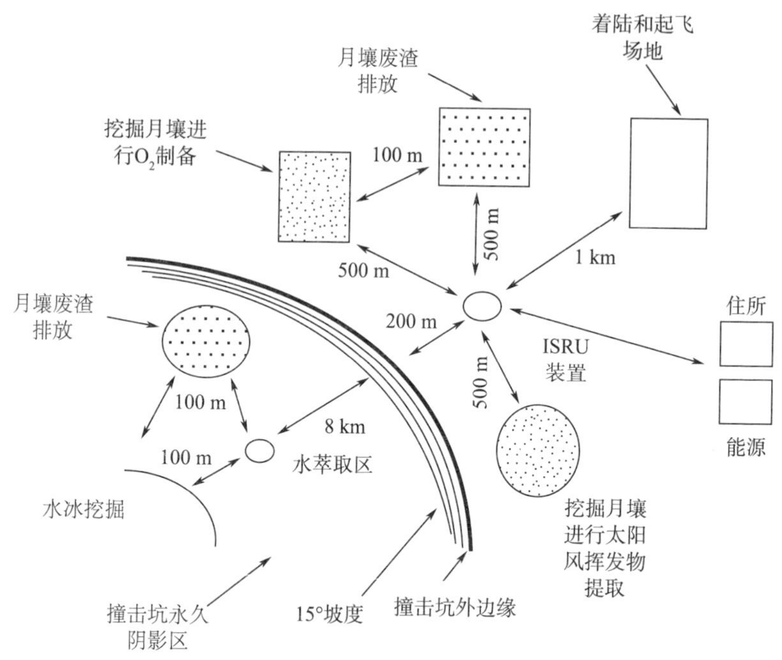

图3-1 NASA月球极区原位资源利用方案示意

在撞击坑内提供能源是非常难的。NASA指出：

“如果对生产效率要求不高，可以使用放射性同位素电源（RTGs）作为能源；如果要求较高的生产效率，可以使用太阳能充电的蓄电池组作为能源，更换贮水箱的同时更换蓄电池组。”

（注：小规模的RTGs是远远满足不了撞击坑内水冰提取的能源需求的，而且RTGs需要使用大量的核反应原料，因此使用同位素电源的方案比较不切实际。与此类似，要想满足能源需求，需要庞

大规模的蓄电池组，而且它们很难在 100 K 的月球环境下进行正常工作。还有的科学家提议在撞击坑的外边缘使用太阳能，但是这似乎是另外一个不切实际的设想。如何将水从距离撞击坑边缘 8 km 的位置运出来并没有阐述清楚，是由航天员还是使用机器人进行运输？会花费多长时间？如果需要航天员工作的话，如何维持他们正常工作和生活？而且航天员如何与 RTGs 共存?）

（2）操作流程

根据“棒球卡（the baseball cards）”报告，带有挖掘机和搬运机的水萃取设备首先被安置在月球极区撞击坑的永久阴影区内，同时，各种机械装置也安装到位。挖掘机和搬运机对萃取设备周围的月壤进行挖取。由于月球表层的月壤是不含水的，因此要想得到水冰混合物，还需要做一些额外的工作。（注：在很低的温度下（≤100 K），冰的硬度变得很大。因此很有可能会需要重型机械设备或通过爆破的方式将冰击碎。如前所述，能源供给在这种方案下是一个需要解决的主要问题。）挖掘机将月壤运送到加料斗内，并通过传送装置输送至反应器内。当反应器满负荷时，将反应器进行密封并通过电加热的方式将其从 100 K 加热至 270 K。根据 NASA 的阐述，水蒸气的不断增加使得反应器的压力升高，之后水蒸气通过反应器的出口处流入到月球真空环境。（注：并没有直接证据表明水是以自由冰的形式还是冰尘混合物的形式存在。270 K 的加热温度很可能只产生很缓慢的水升华，要想从月壤和冰的混合物中提炼出水，有必要在 1 bar 的压力环境下将温度提升至 373 K 使得水沸腾。）

在 NASA 的方案中，水蒸气通过输送管道导流到一个表面积较大的冷却器中，利用冷辐射环境将水冷凝结成冰。当冷却器中所有的水结冰之后，通过阀门将其与月球真空环境以及反应器同时进行隔离。将冷却器进行加热使得冰融化，融化的冰以液态水的形式流入贮水箱。水箱装满之后，通过搬运机将其运送至 8 km 远处的撞击坑边缘（在那里利用电解装置将水电解为备用的氧气和氢气。（注：

如前所述，在撞击坑内对水冰的提炼过程中，能源是一个主要的问题。如果还需要航天员将水箱搬运至 8 km 之外的位置，整个 ISRU 过程的代价就会增加。搬运车和水箱的规模也直接决定了整个搬运过程的复杂程度。）

螺旋钻取系统能够将月壤钻出的同时将之前已经钻取的月壤送入反应器。同时，钻取系统还起到换热器的作用，反应器移出的月壤废渣的热量传递给新送入的月壤原料。

NASA 将利用水萃取区提炼水再进行氧气生产的效率划分了四个等级，方案中的具体设想如下：

1）10 cm 厚的表层月壤是干性不含水的。（注：卫星搭载的中子谱仪预示的是 40 cm，但这个假设无法确认。）

2）含水月壤的水含量为 1.5%。（注：并没有研究表明月壤中水冰含量的多少会影响月壤的形态，如果卫星探测到月球表面50 km×50 km 区域中月壤的水含量为 1.5%，那么如何能够证明其他区域月壤的含水量也是如此?）

3）月壤与水冰的混合物应当呈现出疏松物的形态。（注：很明显，如果月壤中水冰含量能够达到 10%～20%，混合物应该为固态。无论“月壤呈疏松状态、含有 1.5%的水”的说法是不是有确凿的依据，这是目前比较合理的一种说法。）

4）月壤中的水能够在 270 K 的加热环境下全部进行萃取。（注：这种设想似乎不太可行，实际上应当需要更高的温度。）

5）水萃取系统每月有 700 h 的工作时间。

6）在每一次的反应循环中，螺旋钻取系统能够将 70%的废渣热量加以再利用。（注：这个说法似乎可行。）

7）系统向环境中的热流失有 10%。

8）水箱中的水允许结冰。

9）在低能源需求的情况下使用 RTGs 作为能源。（注：见前述备注，RTGs 应该无法提供足够的能源，而且 RTGs 的核反应原料需求较大。）

10）高能源需求的情况下，由蓄电池组作为能源并且每次使用完毕后由水箱运输装置进行蓄电池组运输更换。（注：见前述备注，这个方案似乎不可行。）

11）整个系统能够自主运行并定期向地面发送数据。（注：方案的意思似乎是暗示着整个过程都可以不需要航天员的参与。但是整个过程有很多程序很可能出错，因此还是需要有人参与。）

方案的描述必须满足挖掘钻取装置有足够的速度能够源源不断地为加热装置提供新的月壤原料，同时需要三个搬运装置对干性月壤进行运输。（注：NASA 似乎并没有做这个假设。）

（注：下面我们对不同的步骤作一个简要计算：

从一组月壤中获取水冰所需要的时间 $=t_1$；

提炼出将水箱装满所需要的月壤的组数 $=N_1$；

将水箱全部装满所需要的时间 $=N_1\times t_1$；

将水箱搬运至撞击坑外边缘所需要的时间 $=t_2$；

水箱运送一次来回所需的时间 $=2\times t_2$。

不幸的是，JSC 并没有对这些时间进行评估。对于上述方案的作者来说，似乎 $t_2\gg t_1$。为了确保任何时刻都有贮水箱收集从萃取设备中流出的水，必须有很多个贮水箱从水萃取设备和撞击坑边缘之间来回进行运输。如果贮水箱在 t_1 的时间内装满，而之前运走的贮水箱在 $(2\times t_2-t_1)$ 的时间之后才回来，那么贮水箱的数量需求为 $(2\times t_2-t_1)/t_1$。一个大胆的假设是 t_1 为 2 个小时。目前并不清楚将贮水箱搬运至 8 km 撞击坑边缘处、运输装置爬坡以及将水移至电解池中所需的时间是多少。作者在这里作了一个大胆的假设：$t_2=20$ 小时。在这种情况下，一共所需的贮水箱数量为 20 个，每一个贮水箱都装有各自的能源。在任何时刻，贮水箱每隔 0.8 km 放置一个，10 个贮水箱呈一排安置在送往撞击坑边缘的路上，10 个贮水箱与之平行放置在返回的路上。很显然，这种设计方案是不切实际的（见图 3－2 所示）。为了减少贮水箱的数量，每个水箱的贮存能力可以增加，但运输工具的负载也会增大，同时能源需求也会更大。）

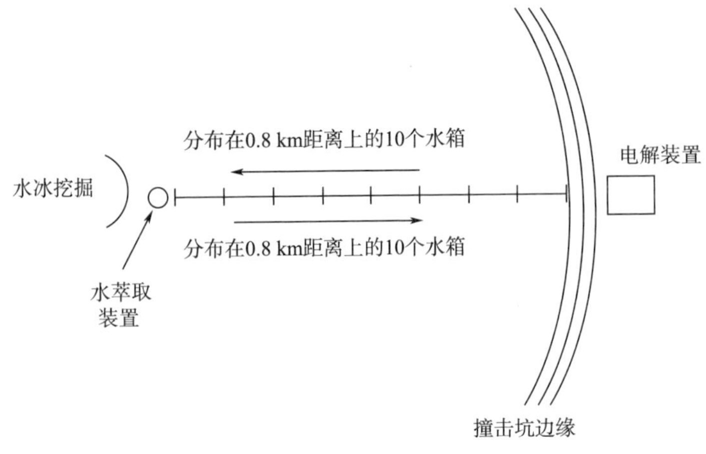

图 3-2　送往撞击坑边缘和返回的水箱排放位置示意

方案中的能源需求用于月壤的挖掘钻取、从月壤中萃取水、贮水箱运输以及水的电解。首先我们来考虑水萃取的能源需求。NASA 提供的数据如表 3-8 所示。

表 3-8　NASA 对水萃取车间的能源需求预估

	O_2生产率（t/yr）			
	1	10	50	100
质量	40	190	790	1 520
功率/kW	0.23	2.3	11.6	23.1

（注：表 3-8 中的数据看起来比较乐观。而本书的推算如下：在水含量 1.5%的情况下，提取 1 kg 的水需要 67 kg 月壤原料。但是，考虑到干性的月壤表层，产出 1 kg 的水很可能需要的是80 kg月壤。假设将月壤从 40 K 加热到 380 K（$\Delta T=340$ K）。表 3-9 中的数据要比 NASA 预估的数据要大得多。）

（注：NASA 对从月球两极永久阴影区提取水的方案做了全方位的质量和能源需求评估，但是评估结论却相对来说不切实际。比方说，评估结论中，每年生产 10 吨氧气的情况下，挖掘钻取月壤的能

源需求为 66 kW，到底是如何在撞击坑深处产生 66 kW 能量的已经超出我的想象。）

表 3-9　本书对水萃取车间的能源需求预估

O_2年产率/t	1	10	50	100
年需月壤量/t	80	800	4 000	8 000
功耗/kWh	6 256	62 560	312 800	625 600
时间/h	3 500	3 500	3 500	3 500
功率/kW	1.8	17.9	89.4	178.7

3.3　NASA 的成就和计划

2004—2005 年，在 NASA 做出重返月球计划的决定之前，NASA 便已经开始陆陆续续地对 ISRU 进行资助。随着“月球倡议”的出现，“在探索技术发展计划的大背景之下，NASA 对太空原位资源利用技术进行了资助，被称作 ISRU 计划”（Larson，Sander，and Sacksteder，2010，以下简称为 LSS10）。在 2006—2010 年间，NASA 资助的研究者在报告中宣称“ISRU 计划本质上存在很多基础科学问题，虽然进行了一些试验，但是却缺少接近真实系统规模的演示验证。”他们提到“能够从月壤中制备氧气的系统。”这篇在线文章回顾了 NASA 的 ISRU 项目过去的成就，并讨论了项目的未来，“NASA 转而尝试新的太空探索路线图，包括轨道燃料站和在太阳系中其他行星补充燃料。”

NASA 关于 ISRU 的报告中有一个共同点，LSS10 低估了对原位资源勘探的复杂程度和困难程度，尤其是针对两极永久阴影区撞击坑中水冰资源情况的勘探。就像我们在 2.6.2 节最后讨论过的，在两极区对水冰资源的利用本身并不是一个太大的困难；对月壤浅层水冰资源的探测才是问题所在。需要搭载中子谱仪对水冰的位置、含量等各种数据指标进行探测，作为有力的证据支撑下一步的工作。

探测工作的第一步应当是使用携带中子谱仪或γ射线分光计的月球车进行长距离（至少是几十千米）的月表勘探。很难确定月球车是否能够具备如此远距离勘探的能力，而且 RTGs 同位素电源所能提供的能源可以支持多少个月球车也是个未知数。在摸清楚月壤表层的情况之后，第二步工作应当瞄准第一步当中的备选地点，确定月壤中水平和垂直方向的水冰分布及含量，并为月壤萃取和处理过程提供月壤的特性信息。最后一步便是安置月壤挖掘、钻取、水萃取和提纯处理单元等演示验证系统，并对整个 ISRU 的过程进行确认和评估，但 NASA 似乎并没有对上述的规划进行提议。

LSS10 同时也探讨了从月壤的 FeO 中制备氧气的方案，方案中的过程被描述为“简单”，只不过是在 950 ℃的温度环境下进行化学反应。但是他们承认：

“…在月球环境下运行这样一套系统确实是一项很重大的挑战。不仅仅是月面的极端温度环境，还需要考虑令人讨厌的月壤月尘作用，以及在月球的高真空环境下仍然可用的密封。”

在 NASA 的资助下，他们提出了两种原型反应系统，还需要继续评估的是整个系统能否自主地、有效率地将月壤送入和送出反应装置。LSS10 还提出：

“不幸的是，在这些温度环境下能够与氢气发生还原反应的月壤的量一般低于 10%，而且在很可能建立月球基地的两极地区这个比例会更低，因此要产生 1 t 氧气所需要消耗的月壤的量是非常大的”。

事实上，如 3.2.1 节中表 3－5 所示，制造 10 t 的氧气需要消耗 1 000 t 的月壤原料，这个量级不只是“很大”，而是“非常之大”。

LSS10 同时也讨论了对月壤中的硅酸盐利用碳热还原法进行氧气制备的方法。然而，如 3.2.2 节中所述，这个方案在每一个过程中都是相当不可行的。

LSS10 一方面指出了 ISRU 是一项很有光明前途的技术，同时也指出了这件事情的风险所在。在NASA，像往常一样，项目管理者花费大量的时间在各种重复性的报告和汇报工作上。看起来似乎是为了让NASA的项目能够持续运行下去，必须重复性地进行着汇报。ISRU项目管理者把大量的时间花费在了对ISRU夸赞有佳的、浮夸的PPT准备上。拉松和桑德尔（Larson and Sanders，2010）两位专家或多或少地做了与LSS10重复性的工作。桑德尔、拉松和皮卡德（Sanders，Larson and Picard，2011）对月球和火星的ISRU表达了一个宏伟的愿景。这些设想中往往忽略了ISRU中的资源探测、开发以及运行的代价，继续提倡着种种诸如碳热还原法以及各种不切实际的月球原位资源利用方法。除此之外，这些方案中为了使得未来的火星原位资源利用看起来可行，而故意回避了如何对近地月表中的H_2O的探测。桑德尔和拉松（Sanders and Larson，2011）的报告也都是如此，拉松（Larson，2011）的个人报告也是如此。

没有任何一个报告和出版物中提到过“中子谱仪”或是“γ射线谱仪”的字眼——现阶段月球或火星原位资源利用的最重要的需求。

第 4 章　总结和结论

从最早期人类进入太空进行探索开始，梦想家们就已经开始思考利用地外资源，并最终向太空拓展人类文明的可能性。随着时间的推移，人们将目光投向了远期目标，设想在其他行星上开展工业革命和电子产品革新及生产，这些 ISRU 的想法涉及的领域非常广泛。富于想象力的各种建议充斥着有关未来系统的创新方案。

NASA 并不是一个在思想上高度一致的组织，在 NASA 内部同时存在两种不同的文化理念：一种是工程实施者，另一种是先进技术专家。工程实施者想要尽可能安全、可靠和有效地实施空间探索任务，倾向于使用经过验证的成熟技术，而不是新兴技术。工程实施者潜在的座右铭是“更好的敌人是足够好”。先进技术专家倾向于利用新的想法实现性能改进，但是这些新的想法往往没有经过充分的可靠性验证。这使得在两种文化理念之间存在一定的对立，在工程项目中不敢采用新技术一直是 NASA 的一个问题。

在 NASA 内部热衷于 ISRU 技术的是一少部分骨干，这些人为了 ISRU 未来的发展，坚持不懈地在寻求 NASA 的支持。从 20 世纪 90 年代开始，这些人就研究了非常详细的 ISRU 发展计划，其中包括很多常规的内容（如推进剂制造、生命保障支持），也有许多前沿的内容（如零部件和设备的原位制造与装配，原位组装与维修等）。

在 2005 年以前，NASA 对 ISRU 的支持力度是非常小的，仅仅提供少量的经费进行概念研究。

NASA 的空间探索项目面临着很多问题，以往 NASA 大约三分之二的经费预算通过各种形式用于载人航天，剩余的三分之一用于进行太阳系以及太阳系外生命搜索的机器人探测项目上。然而，在阿波罗项目取得了辉煌的成就以后，NASA 并不能证实人类在太空生存的可行性。在阿波罗任务结束后，NASA 决定发展一种通用的天地运输系统，这就是航天飞机。航天飞机完成了一些有用的技术试验验证，但是相对于巨大的资金投入来说，回报和收益甚微。航天飞机飞行到预定位置后，一项重要的任务目标就是进行在轨维修以确保能够安全地返回着陆。当然，航天飞机不是进行深空探险的跳板。事实证明，国际空间站是一个昂贵而价值不高的项目，迄今为止我们仍然不知道用它来干什么。国际空间站不是一个安装空间望远镜的好地方，它几乎成为了一个除了耗费资金而没有任何实际作用的东西。

但是，就像贝尔指出的那样[1]，“可重复使用运载器浪费质量，并且相对低效率”。贝尔说：

“有些人可能会问：‘如果真是这样，为什么这些没有价值的项目会被采纳？为什么美国政府花费数十亿美元支持这些不可能的项目？’的确，这不符合逻辑，但这样的事情却经常存在。政府花费大量的钱在航天项目上，不是出于技术发展的原因，而是出于政治目的，决策者忽略了这些问题或者仅是因为他们被收买了”。

当迈克尔·格里芬在 2005 年接管 NASA 以后，尝试逐步结束航天飞机和国际空间站项目，将省下来的经费专门用来开展重返月球的新的空间探测项目。但遇到了来自国会议员们的强烈反对，这些议员们认为不能中断美国进入空间的能力，航天飞机仍然有其存在的价值。这些议员们更希望延长航天飞机的寿命来服务于国际空间站，虽然国际空间站根本不需要航天飞机。面对国会议员们的反对，格里芬决定利用 NASA 其他项目来获取经费。结果，NASA 的经费预算陷入混乱，所以 NASA 的主要活动集中在了如何利用最少的新技术、花费最少的经费来实现人类重返月球。NASA 技术和探索项目经费削减严重，前期所有的计划几乎都被立即终止。NASA 的项目

1　Bell, J. ,“The Cold Equations of Spaceflight” (*http*: //*www*. *spacedaily*. *com*/ *news*/*oped* - 05*zy*. *html*).

支持出现了立项-废止的循环趋势，并且这一现象持续了很长时间。仓促实施了一些研究来支持格里芬评估人类重返月球的可行性、需求和成本，并且和预期的一样，分析结果是过度乐观的，这推动了重返月球计划的持续进行。直到几年后，NASA 举办了专题研讨会来回答重返月球的相关问题。为什么要重返月球？重返月球的回报是什么？研讨会没有给出足够好的答案。随着时间的推移，成本问题和重返月球的难度逐渐显见，而重返月球的意义仍然十分模糊。2012 年，重返月球计划已经逐渐变得不重要——或者说计划已经搁浅。

尽管如此，在 2005 年之后的几年时间里，当新的月球计划处在高峰期时，大量的新投资被 NASA 用在了 ISRU 技术上面——但仅仅面向月球。没有资金用于火星 ISRU 技术的研究。因此在 2005 年以后，月球 ISRU 技术的研究者从 NASA 得到了大量的新的资金支持。NASA 月球 ISRU 技术项目的管理者不可能从一个类似月球 ISRU 的不切实际的系统研究中获益，这将让他们没有基础去领导 NASA 指派给他们的项目。设想一下，多年来拿着微薄的工资进行 ISRU 项目的研究，突然一大笔资金出现在面前——但仅用于月球 ISRU 技术的研究，他们会怎么做？如果是我的话，我会"携款潜逃"，他们也是这么做的。这些人对原位资源技术的论证，仅仅简单地阐述了通过 ISRU 可以减少 IMLEO 的可能性，却没有针对月球 ISRU 进行实施成本和可行性的详细讨论。

月球资源在 3.1 节进行了阐述，包括月壤中的硅酸盐、FeO、来自太阳风的原子和极地附近永久阴影区中的水冰。正如 3.2 节所述，在月球上对这些资源进行利用，必须处理大量的月壤，这需要巨大的能源支持。然而，获得如此大的能源支持存在极大的困难，而且月壤的处理过程也有些不切实际。从硅酸盐中获取氧需要严苛的反应条件（2 600 K 的高温），这样的反应条件基本上不可实现。从 FeO 中获取氧相对而言更容易，但这一提取氧的过程仍然需要消耗高能量来处理大量的月壤，自主、大批量处理固体原材料的问题仍然存在。月壤中来自太阳风的原子非常稀少，对这些原位资源的处理同样需要较多的能源来处理大量的月壤。获取永久阴影区中的水冰，需要利用重型机械，在冷黑环境下进行操作，重型机械的运行需要较高的能源支持，但在永久阴影区中是无法获得太阳能的。

此外，这些处理过程的主要产物是氧，但利用 ISRU 制备氧气的需求并不大，这是由于根据最新的月球探测计划，氧可能不会用作月面起飞的推进剂，因为应急返回的需要，月面起飞的推进剂必须从地球上出发的时候就携带着，并且采用再生循环的环控生保系统后可以减少航天员呼吸对氧的需求量。此外，即使在月球上生产的氧用于月面起飞的推进剂，其影响力也远远不及在火星上制备推进剂的影响力大。

月球 ISRU 项目的实施，除了技术难题和需求不够明确以外，经费也是个重要的问题。如从永久阴影区中提取水冰的费用主要取决于探测水资源分布确定水冰资源最佳位置的任务成本，分析表明这个成本非常高。

通过对比分析，火星 ISRU 更具有吸引力。逆水-气转化需要很多的反应环节，但这一过程仍然比较实际可行；萨巴蒂尔电解过程需要氢资源作为原材料，但是完全可行。尽管在火星地表进行 H_2O 资源探测的成本较高，但仍然具有投资的价值。在进行火星原位资源利用的过程中，将会出现更多的科学研究机会，这种科学研究的机会比在火星上发现生命这种几乎肯定失败的探索要大得多。通过逆水-气转化和萨巴蒂尔电解反应这两个过程来制造用于火星表面起飞的推进剂，具有大幅降低载人火星探测任务 IMLEO 的潜力，而且利用火星原位的水进行萨巴蒂尔电解反应可以为环控生保系统的消耗品提供备份，从而提升任务的安全性。萨巴蒂尔电解系统经过了充分的验证，全部的原料需求只有氢，逆水-气转化反应则需要更多的研究来确保其可行性。

在火星上通过 ISRU 制备推进剂有两方面的好处：一是可以不必从地球携带火星起飞所用的推进剂；二是轨道器可以保持运行在一个椭圆轨道上。与圆轨道相比，这种椭圆轨道需要更多的推进剂，但这些推进剂可以通过 ISRU 获得；且从这种椭圆轨道进入和离开所需要的速度增量更低。总体来说，利用 ISRU 可以降低大约 450 t 的 IMLEO，主要是因为从椭圆轨道进入和离开所需要的速度增量更少（相比于圆轨道），而不是由于减少了从地面携带推进剂质量的缘故。如果能够在火星当地获取水资源，那么对于支持生命保障同样具有好处。

正如我们所讨论的那样，NASA 似乎有两个主要的方向：一是基于机器人和望远镜来搜寻太阳系内的其他生命；二是把人类送往太空，但却没有主题和目标。实际上，NASA 迄今为止仍未指明为什么要把人类送入太空，以及要把人类送到太空中的什么地方，如果这些人什么都不做，他们的经费预算将会更少。所以，目前有一个比 ISRU 更加重要的事情，那就是 NASA 的太空项目的目标是什么？以及在这些项目中，ISRU 扮演什么样的角色。

在 2004 年 10 月，超过 130 个地球和行星科学家在美国怀俄明州 Jackson Hole 会议上讨论早期的火星。他们在报告中指出探索火星生命是核心目标。“生命”这个词在 26 页的报告中共出现了 119 次，平均每页报告大约出现 5 次。报告中介绍说，“科学家们认为火星地质历史的早期时代如此可信的最重要的原因，是火星地质的动态特性为生命的诞生提供适宜的环境，并为生命的繁殖和居住创造环境，在随后的地质记录中出现了这些早期环境的证据。”关于早期火星的最重要的三个科学问题之一是“早期火星出现过生命吗?”在随后的报告中说到：“火星生命的问题本质上包含了三个方面：第一个涉及到火星经历过独立的生命起源的可能性；第二个是生命在一个行星上生存发展，后来克服万有引力的影响迁移到另一个行星的可能性；第三个方面是火星在其初始的外貌条件下产生和进化生命的可能性。”报告随后承认：“生命是如何诞生的仍然是一个基本的没有答案的秘密。”报告进一步表示：“火星和地球的相似性使得人们不能确定是否火星和地球都真的独立孕育着生命。”陨石也有影响，例如火星的陨石到达地球可能会使得火星和地球的微生物发生交换。在很早的地质时期，包括地球生命诞生后的一个时期，这种影响也频繁和普遍地发生。这样我们就不能确定在火星上发现的生命是否真的是火星独立产生的生命。

根据火星探索项目：

“火星探索确定的问题是：火星是否存在生命?”

同样地，NASA 对太阳系以及太阳系以外的星球探索也主要是对地外生命的探测。

NASA 对于地外生命搜寻领域的重视，使得众多其他领域的优秀科学家，甚至是十分著名的科学家，也参与到相关的项目研究、论文和报告的撰写工作中，以分析、猜测和设想地外生命存在的可能性，特别是火星。这些为数不多的思索和研究被新闻界进行了过度宣传。事实上，火星科学家们并没有很多关于探寻火星生命的科研任务。

在科学界一个重要的未解之谜是：地球上的生命是如何诞生的。当今在科学界的主流观点是：行星生命顺利形成的条件似乎是温和的气候、液态的水、二氧化碳，也许还有氨水、氢和其他基础的化学元素，以及通过放电现象（如闪电）将分子电解成容易相互作用的自由离子形式。

在地球早期出现生命的事实是人们广泛相信生命能够大概率顺利形成的基础，这是一个我看不到有任何论据的观点。首先，我们不知道生命是否是在地球上出现还是从地球以外的其他星体转移过来的。第二，我们无法知道生命形成的过程，所以我们如何能够确定地球早期生命的出现能够说明一切?没有证据和逻辑显示，在地球形成的 30 亿年后，如果生命出现，生命形成的概率要比在十亿年内形成的低。即使这样的观点成立，这也仅仅是三个因素中的一个，而形成生命的固有概率也必然是一个极大的负指数。

考虑到生命的复杂性——甚至最简单的细菌也需要大约 2 000 个复杂的有机酶——生命从简单的无机分子形成和自然演化的概率非常小。对于生命从无到有的所有解释的共性问题是没有任何一种解释能够经得住哪怕是最粗浅的深究。可以说，假定宇宙中有 1 000 000 个星球具备适宜生命的气候，也可能只有极其渺茫的偶然事件促使生命在一个星球上（或者几个星球）诞生。

因此，NASA 全部的地外生命探索项目风险极大，失败的概率也很大。但另一个方面，行星探测让我们了解太阳系，这是很有意义的，是否值得投资仍然是观念的问题。我们花费在 NASA 上的经费差不多是我们用于癌症研究的三倍。

虽然利用机器人进行太阳系生命探测的理由没有说服力，但将人类送入太空的理由更加不足。MIT 空间、政策和社会研究组指出[2]：

“我们定义了只有让人类出现在太空中才能完成的载人航天的第一个目标，好处是超过了机会成本，并值得冒生命的风险，包括探测研究、民族自豪感、国际影响力和领导地位。当人类完成空间拓展出现在太空中的时候，载人航天完成了第一个目标，并获得了最广泛的影响力。第二个目标将因为人类在太空中的出现而增加，但不能用其自身的成本和风险来评判，好处包括科学、经济发展、新技术和教育。”

民族自豪感和国际领导地位是美国和苏联竞争时期发展人造卫星最重要的动机，但在阿波罗任务多年后这一因素基本被淡化。而“只有让人类出现在太空中才能完成”的载人航天活动的需求却一直在重复。一些问题并没有被说明，如只有人类才能做的事是否值得投资？将人类送入太空的成本、复杂性和风险是否超出了他们处理未知事件的最大能力？

MIT 空间、政策和社会研究组指出，最令人惊讶的是 NASA 不停地发射航天飞机，并制定了一个广泛的、资金充足的计划，用于到 2020 年之前利用国际空间站支持空间探索最初的目标。在 2008 年末，航天飞机已经变得弊大于利，而国际空间站也已经变得不再那么有用了。

---

[2] MIT Space, Policy, and Society Research Group (2008) *The Future of Human Spaceflight*, Massachusetts Institute of Technology, Cambridge, MA.

MIT 研究组也指出，一个新的政策可以实现月球、火星和其他领域未来探测的投资平衡，但这并不像他们说的那么简单。迈克尔·格里芬[3]（2007 年 NASA 局长）说：

“接下来的十五年，我们将利用大部分的时间来重新构建我们曾经具备但被放弃的能力。下一个月球运输系统将提供比阿波罗更多的能力。但实际上，2010 年到 2020 年的飞行器在本质能力上与阿波罗不存在很大的差异，在能力上也不会超越阿波罗时期的系统。人类进入太阳系仍然需要长时间地努力来发展那些我们曾经拥有过的飞行器系统。按照 2000 年财政经费估算，要在 2020 年完成第七次载人登月大约将花费 850 亿美元。”

迈克尔·格里芬继续说道：

“上述的说法听起来有些消极，一是由于在未来多年的时间里将从事过去重复的工作会让载人航天探索的倡导者们感到沮丧，二是为什么从事过去重复工作的时间还如此漫长？主要是因为经费支持的原因。”

据迈克尔·格里芬估算，载人火星探测任务的成本按照 2000 年财政经费计算将花费 1 560 亿美元。如果按照每年获得 48 亿经费的支持进行计算，火星任务的研制周期将需要约 15 年。这样，如果我们从 2021 年开始这项工作，则大约 2037 年才能登上火星表面。在此后的 20 年里，每 26 个月可完成一次任务。

（注：根据经验，近地轨道、月球和火星探测的成本比例约为 1∶10∶100。如果月球探测成本超过 1 000 亿美元，火星探测成本可能达到 10 000 亿美元。这比联邦一年的财政赤字还少，但为什么不做呢?）

我们觉得，在 21 世纪中叶前确实没有足够的理由把人类送到太

---

[3] Griffin，M. D.（2007）*Space Exploration：The Next 50 Years*，NASA report，available from *http：//naca. larc. nasa. gov/search. jsp？ R = 20090009163&qs = N%3D4294129240%2B4294961033%2B4294782592*.

阳系内遥远的地方去。然而政府存在着足够惯性，以至于他们认为人类一定要在太空中持续生存下去，因此讨论是否应该持续没有太大的意义。应该讨论的问题是每年大约50亿美元的经费支持载人航天，NASA应该做些什么？

现在的问题是NASA已经把人类在地球近地轨道能做的事情做得差不多了。NASA也已经登上了月球——一个昏暗的、无生命的、乏味的、资源匮乏的星体，人类下一步是登陆火星。到达月球的时间大约3天，而到达火星的时间大约为6～9个月，两者之间的巨大差别导致运输航天员去月球和火星的需求存在巨大的差异。这些差异包括生命保障消耗品的质量，环控生保系统支持长期生存和居住的需求，辐射、低重力环境以及居住空间和设备等。如果考虑全部任务，包括到达火星、表面驻留，以及从火星返回，那么火星和月球任务之间的差异将更加显著。月球任务可以在任何时刻完成并随时应急返回，并在几天的时间内返回地球，而火星任务则不可能(因为地球一直在绕着太阳运动)，全部的任务必须从头到尾的执行(大约200天飞抵火星，550天停留在火星表面，200多天返回地球)。因此载人火星探测任务的可靠性必须极高。虽然在火星任务中可以利用气动辅助变轨的方式在一定程度上减少对速度增量的需求，但不同的转移方式对于速度增量的需求仍然存在很大的不同。去火星需要携带大量的推进剂、大型降落伞、大的居住舱以及火星上升器，因此载人火星探测任务的地球近地轨道的发射质量将十分巨大。而NASA自始至终低估了这个质量问题（Rapp，2007）。火星探测任务每26个月存在一个发射窗口，每个发射窗口对应的发射和返回的特点存在巨大差别。不同发射窗口之间的速度增量需求也存在差异，因此，设计上需要考虑最严苛的情况。如果发生意外情况，在下一个发射窗口前是无法实施营救的。因此，过度参考和使用月球探测任务的先例并不恰当。火星比月球ISRU具有更大的影响力，火星ISRU在本质上也比月球ISRU更加可行和有效。

因此，我们必须得出结论，ISRU唯一合适的目标（如果有这个目标）是为了提升人类 21 世纪探测太阳系的能力，建立火星基地。然而，所涉及到的技术问题和经济问题十分巨大，并且一直被 NASA 和个人爱好者所低估[4]。唯一可行的办法是把机器人项目和载人探测项目整合成一个整体来发展所需要的能力。即使这样，时间仍然很漫长，成本仍然非常高。

火星 ISRU 的第一步是在火星上找到一个合适的地点，或者找到一个建立火星基地的中心位置。这要求 NASA 必须停止所有既浪费钱又浪费时间的月球 ISRU 的相关工作。把当前用在月球 ISRU 研究上的经费，重新投入到火星 ISRU 研究上。火星机器人探测项目必须停止无休止地进行火星生命迹象的探测，取而代之的是进行火星赤道附近地表 H_2O 资源位置的探测。这个位置最终将为我们提供火星探测所需要的水、呼吸的空气、上升起飞的推进剂和表面移动的燃料。根据 *Mars Odyssey* 在轨道上最新的观测数据，火星赤道附近存在三个大的富含水的区域，共计数百万平方千米，地表上层 H_2O 的含量约为 8%～10%。观测的范围仅限于 300 km×300 km 的像素范围，并且在这样一个 300 km×300 km 的像素范围内，很有可能出现含有更高浓度 H_2O 的小型区域。如果这些 H_2O 资源可以轻易获得，那么将为氢元素的提炼提供大量的原料。在火星上开展这种形式的原位资源利用的主要问题就不再是加工过程的研究，而是对火星表层 H_2O 资源的探测。[5]

对于这些在轨道上通过观测发现的富含 H_2O 资源的地区，需要利用中子/伽马射线分光计进行大范围的表层探测。表面巡视器的探测范围太有限，NASA 必须研究发展中等范围的探测能力、比巡视器更大的探测范围（几十至几百千米）、比在轨观测更精确的探测能力。可选择的方式包括火星气球、火星飞机、火星滑翔机、网络状

---

[4] 例如：*exploremars.org* 是一个新的关于火星探测的网站，有很多热衷于火星探测的天真的爱好者。

[5] 这里用 H_2O 而不是用水这个词，主要是因为并不清楚火星上 H_2O 是以水的形式存在还是以水合物的形式存在。

分布的着陆器系统，甚至可以利用轨道器在短时间内下降到一定的高度进行观测。轨道器对火星表面的观测可以从 400 km 下降到大约 70 km，这样观测的像素范围将从 300 km 减小到 100 km。网络状分布的小型着陆器系统可以对理想区域内的许多地点进行详细的勘查。火星气球、火星飞机、火星滑翔机可以实现几十至几百千米范围内的近距离观测。而这些技术目前都没有被 NASA 列为优先发展的对象。在过去的十五年里，NASA 收到了很多关于中等范围探测的新技术和新概念的建议，这些建议中有的提议将火星气球、火星飞机、火星滑翔机[6] 应用到火星搜索项目中（Mars Scout Program），但所有这些建议都被拒绝了，因为 NASA 更加倾向于执行简单的低风险任务。2003 年，JPL 提交了一份关于发展非推进式泡沫着陆器系统在火星部署探测仪器网络的建议，但 NASA 对这项技术不感兴趣[7]。利用这些方法的目的是在 *Mars Odyssey* 观测到的 300 km 像素范围内，定位一个巡视器可达的探测范围内（几千米）地表顶层 1 m 以内、含 H_2O 量超过 10%的最佳位置。

资源探测的第二个阶段是派出一些巡视器去最佳的地点进行探测。携带的载荷可以是中子/伽马射线分光计以及地面探测雷达[8]。这些巡视器将能够在水平和垂直的维度上精确定位蕴藏 H_2O 资源最丰富的位置。巡视器同样可以放置信标来为下一阶段的着陆器着陆提供精确的辅助定位。

---

[6] 例如，在 2000 年向 NASA 提交的 *Kittyhawk* 建议（Wendy Calvin，principal investigator；D. Rapp，proposal manager）被拒绝，这份建议中提议利用四个滑翔机实施 100～150 km 范围的火星表面超近程观测，价格大约在 3 亿美元。一个火星气球以及 ARES 火星飞机任务也同样被拒绝。此外利用轨道器下降至大气层内的建议（SCIM）也被拒绝了。

[7] Marc Adams and Witold Sokolowski，principal investigators（and D. Rapp，proposal manager），*Foam Landing Impact Protection*，proposal to Mars Exploration Program，2003.

[8] NASA 2014 年减少投资的项目——火星表面穿透式高分辨率雷达设备项目提案（Samkim，主要研究者；D. Rapp，提案负责人）

资源探测的第三个阶段是派出一个带有火星表面钻取设备的巡视器，实地采集火星样本来证实巡视器勘探测量结果，并确定 H_2O 资源的组成形式。同样还可以确定土壤特性和表层 H_2O 资源的可获取性，这需要精确的着陆能力。

第四个阶段是派出重型机械设备进行表面作业，提取和过滤水资源，并进行贮存，这需要短时利用太阳能作为能源。

这四个阶段可能需要大约 20 年，花费几十亿美元。太阳能和 RTGs 将用于前四个阶段。

当利用机器人进行火星表面最佳 H_2O 资源探测的过程持续进行二十年的同时，NASA 的载人航天工程将会非常繁忙——不是为了获得微乎其微的成就而将人类送入 LEO，而是为实现最终的载人火星探测任务准备子系统。主要包括：

1）研制重型运载火箭；

2）研制火星居住舱；

3）研制核能源系统；

4）研制可长期使用的环控生保系统；

5）研制防辐射屏障；

6）研制人工重力系统；

7）研制大气再入系统；

8）研制适用于 ISRU 的推进系统；

9）研制火星上升器原型系统。

在第五个阶段，通过二十年的努力，主要的系统和相关的设施设备都在预定的地点完成部署：

1）一个全尺寸核反应能源系统（核反应能源系统存放在一个月壤防护墙的后面，以减少视距范围内的辐射量，通过电缆将能源输送到中心配电系统）；

2）全尺寸表面工作重型机械设备；

3）全尺寸 ISRU 处理系统；

4）携带低温推进剂贮存系统的火星上升器；

5）当水持续地积累，就会逐渐被转化为甲烷和氧气，并贮存在上升器中，这些低温推进剂的贮存需要电能的支持。

第六个阶段将在火星上着陆一个居住舱，并在火星上持续工作至少两年。

所有这些着陆在预定点的系统都可以看成是最终火星基地的原型系统和备份。这样经过三十年的建设，NASA 将可以思考开始执行图 1-1 中所示的任务序列了，设想一下在三十年时间里将要研制的各种各样的飞行器和系统。

附录 A　运输效率和运输质量

在大多数的载人火星探测任务概念研究中，一部分质量被运送到火星轨道（M_{MO}），而另一部分质量则到达火星表面（M_{MS}）。由此根据“运输效率”可以推断出任务中 IMLEO 的质量需求。

“运输效率”是指为将 1 个单位质量的载荷运送到目的地，需要向 LEO 运送的物质质量的单位数。为了使载荷到达遥远的目的地，如火星，LEO 的发射质量大部分都是探测飞行器推进剂及推进装置的质量。因此，到达火星轨道的质量为

$$\mathrm{IMLEO_{MO}} = M_{\mathrm{MO}}\, G_{\mathrm{MO}}$$

到达火星表面的质量为

$$\mathrm{IMLEO_{MS}} = M_{\mathrm{MS}}\, G_{\mathrm{MS}}$$

近地轨道的初始总质量为

$$\mathrm{IMLEO} = \mathrm{IMLEO_{MO}} + \mathrm{IMLEO_{MS}}$$

在书中第 3 章中，拉普（Rapp，2007）基于火箭公式对到达不同目的地对应的 LEO 质量的运输效率作了估算。根据火箭飞行方程，在任何空间运输任务中，最终到达的运输质量与 LEO 轨道的初始发射质量的关系为

$$\frac{m_{\mathrm{initial}}}{m_{\mathrm{final}}} = \mathrm{e}^{\Delta v/(gI_{SP})} = q$$

其中

$$m_{\mathrm{initial}} = m_s + m_P$$

$$m_{\mathrm{final}} = m_s$$

式中　Δv ——运输需要的速度增量，km/s；

I_{SP} ——火箭发动机的比冲，s；

m_P ——在 Δv 的过程中需要消耗的推进剂质量；

m_s ——航天器的干重（除推进剂之外）；

g ——地球上的重力加速度，值为 9.8 m/s^2。

另外两个很有用的火箭方程为

$$m_P / m_{\text{final}} = q - 1$$

$$m_{\text{initial}} / m_P = q/(q - 1)$$

在大部分情况下，从地球出发的推进系统在推进剂消耗后会被丢弃。因此，航天器的质量为载荷的质量与推进系统的干重（不包含推进剂）之和

$$m_s = m_{PL} + m_{PR}$$

在这里，载荷质量是指除了推进系统干重（推进剂消耗后丢弃）之外的所有用于 Δv 加速的质量。因此，m_{PL} 包含航天器中除了推进剂外的所有子系统的质量（或者说，到达目的地之后的实际载荷质量，包括结构、能源、通信等系统质量）。在每一个飞行阶段，推进剂相对于载荷质量的运输效率为

$$\frac{m_P}{m_{PL}} = \left[\frac{q - 1}{1 - K(q - 1)}\right]$$

这个运输效率与采用的火星轨道以及是否使用 ISRU 制造上升器推进剂有关。基于从地球出发全程使用 LOX+LH_2 作为推进剂，以及到达火星轨道并使用气动捕获的方案的前提下，拉普（Rapp，2007）对 G_{MS} 进行乐观地估算，结果约为 9.3。

从 LEO 轨道到达火星轨道的运输效率与火星轨道进入过程中是否使用反推制动或气动捕获有关。如果使用反推制动，G_{MO} 在圆轨道的估算为 7.2，在椭圆轨道的估算为 4.7；如果使用气动捕获，G_{MO} 在圆轨道的估算为 5.3，在椭圆轨道的估算为 3.5。这些数据与具体的发射日期和航天器的轨道均有关。对于一个完整的载人火星探测任务来说，一部分质量到达火星轨道，而另一部分质量到达火星表面：

由 LEO 轨道向火星轨道发射的质量＝

• 到达火星轨道的载荷质量（航天员在火星表面时，停留在环

火轨道的航天器质量，最终要使用其将航天员带回地球）+

• 火星轨道进入所需的推进系统的干重+

• 火星轨道进入需要消耗的推进剂质量+

• 火星轨道离轨的推进系统的干重+

• 火星轨道出发需要消耗的推进剂质量。

到达火星轨道的质量=

• 到达火星轨道的载荷质量（航天员在火星表面时，停留在环火轨道的航天器质量，最终要使用其将航天员带回地球）+

• 火星轨道离轨的推进系统的干重+

• 火星轨道离轨需要消耗的推进剂质量。

由环火轨道到达火星表面的质量=

• 到达火星表面的载荷质量（到达火星表面的所有系统装置，包括不含推进装置的上升器质量）+

• 由火星表面上升所需的推进系统干重+

• 由火星表面上升所需的推进剂质量。

用数学的形式表达如下

$$M_{TM} = M_{PLO} + M_{PROI} + M_{POI} + M_{PROD} + M_{POD}$$

$$M_{MO} = M_{PLO} + M_{PROD} + M_{POD}$$

$$M_{MS} = M_{PLS} + M_{PRA} + M_{PA}$$

其中，公式脚注以 P 开头的表示推进剂，以 PR 开头的表示推进系统的干重（不包括推进剂），以 PL 开头的表示载荷，其他的脚注含义如下

OI=轨道入轨

OD=轨道离轨

A=上升

O=轨道

S=表面

TM=火星转移

在我们的计算中，假设在一次运输任务中推进系统的质量与推

进剂的需求呈比例关系

$$M_{PROI} \sim 0.12 \times M_{POI}$$
$$M_{PROD} \sim 0.12 \times M_{POD}$$
$$M_{PRA} \sim 0.15 \times M_{PA}$$

从而得到

$$M_{MO} = M_{PLO} + 1.12 \times M_{POI} + 1.12 \times M_{POD}$$
$$M_{MS} = M_{PLS} + 1.15 \times M_{PA}$$

因此，我们考虑两种潜在轨道方案。从火星表面上升到环火 300 km的圆轨道，需要 $\Delta v = 4.3$ km/s 的速度增量，上升到椭圆轨道为 5.6 km/s。由此可以看出对于任何类型的火星任务，我们都可以选择环火圆轨道，轨道入轨或离轨的速度增量约为 2.4 km/s，上升的速度增量为 4.3 km/s。相比之下，椭圆轨道的入轨或离轨的速度增量约为 1.2 km/s，上升的速度增量为 5.6 km/s：

1）圆轨道需要 Δv 为 2.4 km/s 的入轨速度增量；

2）一个周期为 24 小时的椭圆轨道需要 Δv 为 1.2 km/s 的入轨速度增量。

我们假设火星轨道进入、上升和离轨过程中是以 CH_4 +LOX 作为推进剂的推进系统，它的比冲为 350 s。

由此我们计算得到表 A-1 中的数据。

表 A-1 推进剂质量/载荷质量

轨道	Δv/（m/s）	q	K	m_{PR}/m_{PL}
TMI 到椭圆轨道	1 200	1.41	0.12	0.43
TMI 到圆轨道	2 400	1.97	0.12	1.10
火星表面到圆轨道	4 300	3.38	0.15	3.71
火星表面到椭圆轨道	5 600	4.89	0.15	9.34

接下来，假设所有的推进剂均来自地球，分析采用圆轨道和椭圆轨道的情况下对 IMLEO 的影响。

上升器的质量在不同文献的设计方案中均给出了估算，这里我们假设上升器的质量为 m_{PL}～5 t。那么上升器上升到圆轨道所需的推进剂质量为 5×3.71＝18.5 t，上升到椭圆轨道所需的推进剂质量为 5×9.34＝46.7 t。在运输效率为 9.3 的情况下（基于气动辅助 EDL），对于推进剂来说，圆轨道相应的 IMLEO 为 9.3×18.5＝172 t，椭圆轨道为 9.3×46.7＝434 t。二者之间的差别为 434－172＝262 t。因此，基于运送到火星表面同样质量的话，使用椭圆轨道会使得 IMLEO 增加 262 t（没有进行 ISRU 的情况下）。

然而，火星椭圆轨道的进入和离轨的推进剂需求要比圆轨道低得多，由于要携带从地球到火星再返回地球的乘组人员，需要搭载很多应急环控生保设备，而且还包含地球返回舱，因此，要想预估到达火星轨道的质量比较困难。对 MPLO（进入火星轨道的载荷）的一个大胆的猜想是 40 t。那么环火圆轨道进入所需要的推进剂质量为 1.1×40＝44 t，椭圆轨道为 0.43×40＝17.2 t，运输效率接近于 3。

对于从火星轨道离轨，推进剂的质量与进入环火轨道相同（圆轨道为 44 t，而椭圆轨道为 17.2 t）。如前所述，从 LEO 轨道到环火圆轨道的运输效率为 7.2，椭圆轨道为 4.7。因此，相应的 IMLEO 为：圆轨道 317 t，椭圆轨道 81 t。

结合表 A－2 给出的数据，可以看出在进入、上升和离轨的过程中，采用圆轨道时，推进系统的质量总和要比椭圆轨道的大一些。

如果在任务中使用 ISRU 来制造推进剂，假设 ISRU 所需要的质量主要与月球制备推进剂总量的需求有关，进一步假设 ISRU 装置的总质量需求固定在4 t（不携带上升所需的推进剂）。在这个假设下，由环火圆轨道到达火星表面的质量减小 15 t，由环火椭圆轨道到达火星表面的质量减小 43 t。

这样的话，如果用 ISRU 来进行原位推进剂制造，那么表 A－2 便可以被表 A－3 所取代。

表 A-2 不使用 ISRU 的情况下，进入、上升和离轨过程中的推进剂质量和 IMLEO

轨道	载荷质量/t	速度增量/(km/s)	推进剂质量/载荷质量	推进剂质量/t	推进系统干重/t	运输效率	IMLEO/t
上升到轨道							
椭圆轨道	5	5.6	9.3	47	7	9.3	502
圆轨道	5	4.3	3.7	19	3	9.3	204
火星轨道进入							
椭圆轨道	40	1.2	0.43	17	2.0	3	57
圆轨道	40	2.4	1.1	44	5.3	3	148
火星轨道离轨							
椭圆轨道	40	1.2	0.43	17	2.0	4.7	89
圆轨道	40	2.4	1.1	44	5.3	7.2	355
3 个飞行阶段质量总和							
椭圆轨道							648
圆轨道							707

表 A-3 使用 ISRU 的情况下，进入、上升和离轨过程中的推进剂质量和 IMLEO

轨道	载荷质量/t	速度增量/(km/s)	推进剂质量/载荷质量	推进剂质量或 ISRU 设备质量/t	推进系统干重/t	IMLEO/t
上升到轨道						
椭圆轨道	5	5.6	9.3	4	7	123
圆轨道	5	4.3	3.7	4	3	65
火星轨道进入						
椭圆轨道	40	1.2	0.43	17	2.0	57
圆轨道	40	2.4	1.1	44	5.3	148
火星轨道离轨						
椭圆轨道	40	1.2	0.43	17	2.0	89
圆轨道	40	2.4	1.1	44	5.3	355

续表

轨道	载荷质量/t	速度增量/(km/s)	推进剂质量/载荷质量	推进剂质量或 ISRU 设备质量/t	推进系统干重/t	IMLEO/t
3 个飞行阶段质量总和						
椭圆轨道						269
圆轨道						568

因此，在使用 ISRU 的情况下，采用椭圆轨道的 IMLEO 为推进系统和推进剂提供的在火星上升、轨道进入与离轨所需的质量减少了（648－269＝379 t），如果是圆轨道，这个数值将减少（707－568＝139 t）。

如果火星上升器（MAV）在上升到轨道后不与地球返回舱（ERV）交会对接，而是直接由火星表面进行起飞并返回地球，那么利用 ISRU 进行原位制造节约的推进剂量将会变得更为可观。火星直击和火星协会的任务设想中采用了这种方案，同时 MIT 的研究也同样表明这种方案的好处。研究表明，从火星表面直接进行起飞上升返回地球所需的推进剂总量（甲烷＋氧气）＞100 t，如果在任务中没有使用 ISRU，这表示在 LEO 需要＞900 t 的初始发射质量（基于气动辅助 EDL）或者＞3 100 t 的 LEO 初始发射质量（基于反推制动 EDL）。可以看出，ISRU 在火星任务中基本上是不可或缺的。

附录 B　地球轨道出发的核热推进

在火星任务中，核热推进（NTP）被认为是一个可行的备选推进方案之一。在大多数情况下，考虑到使用液氢推进剂要面临的巨大的贮箱和长期在轨蒸发量控制的问题，核热推进只是被看作是一种从地球出发进行远距离深空探测时替代的方案。然而，2006 年有文献研究表明，考虑到液氢需要至少在轨贮存 3 年的问题，完全可以在火星轨道进入、地球返回以及从地球出发过程中使用核热推进。

NASA 的 DRM－1 和 DRM－3 火星计划便是基于核热推进发动机（NTR）从地球出发的方案。近些年来，ESAS 报告和星座计划均持续对 NTR 技术进行了重点关注。通过将比冲从 450 s 加倍提高到 900 s，使用 NTR 代替化学推进进行火星轨道（或月球轨道）转移可以显著增加载荷的质量，但是增加的载荷质量会受到 NTR 系统质量和氢贮箱（包括推进剂）质量的影响。

对于从地球出发，NASA 的 DRM－1 计划中，NTR 的干重约为 28.9 t，所需的氢推进剂质量为 86 t，能够满足 3 个飞行器（地球返回舱、货运着陆器和载人着陆器）的需求，其中乘员舱需要增加 3.3 t 的屏蔽装置。因此飞行器执行货运任务时的系统干重为推进剂质量的 34%，执行载人任务时的系统干重为推进剂质量的 37%。DRM－3 计划中，3 个飞行器的干重一共约 23.4 t，但是每个飞行器所使用的氢推进剂的质量不同（ERV 约 50 t、货运着陆器约 45.3 t、载人着陆器约 50 t）。干重比从 47%到 52%不等。罗伯特·祖布林的“火星直击”方案中提供了一个比较乐观的估计数据：飞行器系统中的 NTR 系统的干重为 20 t 和 12 t（推进剂质量为 86 t 和 45 t），干重约占推进剂的 23%。因此，前述推进系统的干重比（推进系统干重/推进剂质量）从 0.23 到 0.52 不等。拉普（Rapp，2007）的研究表明，液氢贮存系统的质量约为氢推进剂质量的 30%。也就是说对于 50～90 t 的液氢推进剂来说，贮箱的干重约为 15～27 t。反应堆和其余推进系统的干重约为 10 t 或者更大。基于此，似乎可以看出 $K=$（NTR 干重）/（氢推进剂质量）的大小为 0.4（90 t 氢）到 0.5（50 t 氢）。然而，由于 NTR 的干重比存在相当大的不确定性，K 在文献（Rapp，2007）中被认为是一个变量。

除了干重比这个问题之外，使用 NTR 的安全性也是一个需要解决的突出问题，国际空间协定应该会限制 NTR 在启动之前到达一个较高地球轨道上。因此，这就要求火箭的上面级必须使用更多的推进剂，使用 NTR 的好处（从地球向火星发射更多的质量）会被削弱。事实上，ESAS 的方案报告表明，NTR 应当被提升到 800～1 200 km 的轨道高度，相对于一般的 200 km 近地轨道出发高度有着很大的提升。

使用典型的运载火箭发射到不同地球轨道高度时载荷的减少量见表 B-1。这些数据来源于因特网上波音公司使用德尔它火箭进行载荷搭载的数据。比如，能够发射到 1 000 km 高度的载荷质量为发射到 200 km 高度载荷质量的 80%。表 B-2 和表 B-3 表明 200 km 高度的近地轨道使用化学推进剂的情况下，$G_{ED}=3.17$，速度增量为 4 200 m/s 时，约 31.5%的 LEO 初始质量可以作为火星轨道转移的载荷使用。

表 B-1　发射到不同地球圆轨道时载荷质量的减少情况

（以 200 km 高度 1 000 个质量单位为例）

轨道高度/km	圆轨道的载荷	与 200 km 轨道高度相比载荷质量的减少/%
200	1 000	0.0
250	981	1.9
490	902	9.8
750	835	16.5
1 000	789	21.1
1 250	760	24.0

表 B-2 使用 NTR 且速度增量 Δv=4 200 m/s 时，不同的高度可以送入火星轨道的有效载荷质量比（以总质量为 1 个单位为例）

NTR 的点火高度/km	LOX+LH_2 化学推进剂	NTR K=0.2	NTR K=0.3	NTR K=0.4	NTR K=0.5	NTR K=0.6	NTR K=0.7
200	0.315	0.55	0.51	0.47	0.43	0.39	0.36
750	—	0.46	0.42	0.39	0.36	0.33	0.30
1 250	—	0.41	0.39	0.36	0.33	0.30	0.27

表 B-3 使用 NTR 代替化学推进剂时，IMLEO 的降低因子 η（以总质量为 1 个单位为例）

NTR 的点火高度/km	NTR K=0.2	NTR K=0.3	NTR K=0.4	NTR K=0.5	NTR K=0.6	NTR K=0.7
200	0.58	0.62	0.67	0.73	0.80	0.88
750	0.69	0.74	0.80	0.87	0.96	1.06
1 250	0.76	0.82	0.88	0.96	1.05	1.16

从 LEO（200 km）轨道到地火转移轨道的 Δv=4 200 m/s，NTR 系统中最终被送入地火转移轨道的质量与 K 值及 LEO 轨道不同点火高度有关。如果 NTR 可以在 200 km 的近地轨道高度点火，对于不同的 K 和不同的轨道点火高度，从地球出发的 NTR 中可以作为载荷送往火星的质量，见表 B-2 所示。

表 B-2 可以转化为使用 NTR 代替化学推进剂时，不同高度可以送入火星轨道的 IMLEO 的减少量，见表 B-3 所示，表中 η 的数值越小，说明越有利。

对于 K～0.45 和地球轨道高度＞1 000 km，使用化学推进剂和使用 NTR 的效果相当，在综合考虑风险、成本和国际政策的情况下，很难评估 NTR 的优势所在。效益/成本比可能非常不利，基本上没有什么优势。即使这样，NASA 还是将 NTR 技术列入到了 DRM-1、DRM-3 火星计划中，ESAS 报告以及星座计划中仍寄希望于在较小的 K 值的情况下，能够从 LEO 轨道送出更多的地火转移有效载荷。

附录C 气动辅助进入火星轨道

典型的DRMs火星计划都是基于气动辅助进入火星轨道的设计方案，同时着陆器下降的过程中也是基于火星大气的减速作用，确保精确地着陆在火星表面（NASA DRM－1，NASA DRM－3，ESAS，星座计划）。在火星着陆器着陆时，地球返回飞行器（ERV）停留在环火轨道上。在返回地球的过程中，火星表面上升器（MAV）上升到环火轨道之后与ERV进行交会对接，并将航天员送入ERV，然后返回地球。有一些DRMs计划（例如火星直击，火星社会）则是直接将进入环火轨道过程省去，直接实施着陆器的再入与着陆。但是，根据NASA最新的计划文件显示，火星着陆器在下降之前还是需要进入一个初始环火轨道的，从而能够减小任务风险并提高任务的灵活性（ESAS，星座计划）。直达火星计划中的火星着陆器直接从火星表面起飞并返回地球，不在火星轨道进行交会对接，但是这种方案需要在火星上具有相当大规模的ISRU装置进行100 t级以上推进剂的原位制造，因此NASA似乎对这种方案的信心不足。在NASA最近的动向中，为了不改变飞行器的质量（ESAS，星座计划），他们更倾向于将ISRU在后续的计划中实施。

为了执行载人火星探测任务，在到达环绕火星的圆轨道之后，一部分的飞行器系统（质量$=M_{\mathrm{MO}}$）停留在火星轨道，而另一部分飞行器系统则被运送到火星表面。

在大载荷的情况下，并没有实验数据能够评估火星进入和下降过程中的气动辅助需求。在布朗（Braun）和乔治亚（Georgia）技术团队以及美国喷气推进实验室做出重要的分析之前，NASA所有的DRMs计划都对火星进入、下降与着陆（EDL）系统的质量需求做了乐观的估计。

在这里有必要回顾一下 MSP 2001 Orbiter 计划的气动减速辅助设计，它的规模相对于载人任务来说要小得多，因此得到的数据也不能直接向载人任务进行借鉴应用。与这个系统相关的技术指标如表 C－1 所示。表中的数据均来源于 MSP 2001 Orbiter 项目的相关报告。

可以得到临界比为

$$\frac{\text{下降的系统质量}}{\text{留轨的系统质量}}=0.6$$

这意味着运输效率为

$$G_{\mathrm{MCOI}}=\frac{\text{轨道进入质量}}{\text{留轨的系统质量}}=1.6$$

如果助推级也包含在了轨道进入质量内，那么上述比值将会变为 1.98。

表 C－1 MSP 2001 Orbiter 项目中气动辅助系统的技术指标

(任务中 B 阶段结束时)

参数	指标
最大减速度	约 4.4 g (48 km 高度处)
最低高度	约 48 km
高度<125 km 的时间	约 400 s
火星进入之前的质量	544 kg
热防护质量	122 kg
缓冲气囊质量	75 kg
下降的系统质量 (包含所有结构和设备)	197 kg
下降的系统质量/火星进入前质量	0.36
下降的系统质量/留轨质量	0.6
轨道进入质量/留轨质量	1.6
轨道气动减速前消耗的推进剂 (400 km 圆轨道)	20 kg
火星轨道载荷质量	327 kg

布朗和曼宁 (Braun and Manning，2006) 的研究报告中指出，

美国已经成功将5个机器人系统着陆到火星表面，这些机器人的着陆系统质量均小于600 kg。对于载人火星探测任务，着陆质量应该会大于40 t。根据NASA的任务设想，在下降着陆之前，有效载荷通过气动辅助变轨进入到环火圆轨道。由于几种不同类型的载荷需要降落到火星表面同一个位置，着陆精度应当控制在10～100 m的范围之内。与之前着陆的机器人着陆器相比，在进入、下降与着陆的过程中，载人着陆器的质量会呈2个数量级的增长，着陆精度会呈4个数量级的增长，并且需要在高海拔、低气压的环境中完成任务。

火星气动辅助入轨系统在发展中面临的重要挑战是火星大气层的稀薄程度和易变性。为了使得着陆器在足够高的海拔高度进行快速制动，从而为后续使用降落伞着陆提供足够高的开伞高度，气动力相对于重力惯性力来说必须足够大。针对较大质量的飞行器，布朗和乔治亚技术团队针对轨道的进入和下降过程进行了数值仿真模拟（Wells et al.，2006）。在最新的研究中，这个技术团队更新了他们的仿真预示结果（Christian et al.，2006）。

在气动减速制动进入到环火轨道之后，搭载航天员或货物的飞行器需要执行火星进行、下降与着陆。克里斯蒂安（Christian）等人（2006）的研究中考虑了两种方案：1）气动辅助变轨系统的进入和下降过程都使用同一个热防护结构；2）气动辅助变轨系统在进入过程中使用一个防护结构，将其丢弃之后在下降的过程中使用第二个防护结构。

仅用单层热防护结构的方法比较吸引人的地方是设计简单。然而，布朗和曼宁（2006）对于这种方法提出了三点疑问。第一，由于热防护系统（TPS）的大小受到气动减速环境的限制，着陆器需要安装一个巨大的高弹道系数的防护罩，但下降的过程中并不实用；第二，在气动减速之后，如果飞行器不对气动防护系统进行丢弃，它必须能够承受足够大的热流密度并且能够阻止热流传入飞行器结构内部。第三，着陆器在进行下降之前必须能够正常开机工作，并不清楚还有没有空间以便在防护罩能够覆盖的范围内安装能源、热控、推进和通信系统。

另外一种可供选择的双层热防护结构方案可以使用可分离的、嵌套型防护结构。这样做的好处是能够在气动减速之后将受热流加热后的那层热防护结构立即丢弃，然后使用更轻的热防护结构进行下降，这样便可以减小飞行器的弹道系数。这种设计的缺点是需要将两层防护结构都很好地固定在飞行器上，而且在对外层热防护结构进行分离时，还不能对内层热防护结构产生损伤，否则可能会提高整个系统的设计质量。

乔治亚（Gerogia）技术团队针对进入和下降过程中直径为 10 m 和 15 m 的热防护结构做了分析，包括使用单层热防护结构或双层热防护结构方案，以及使用和不使用 30 m 直径降落伞的情况（Christian et al.，2006；Wells et al.，2006）。整个进入、下降与着陆的过程中，系统的质量根据几个主要分系统进行估算，包括热防护结构、LOX/CH_4 推进系统、反应控制系统以及缓冲气囊和降落伞系统等系统的质量。

这项研究的成果得到

$$\text{有效载荷比}=\frac{\text{着陆有效载荷质量}}{\text{初始入轨质量}}$$

反过来说，这也代表了火星轨道入轨质量与着陆有效载荷质量之间的运输效率，G_{ML}。

乔治亚技术团队针对着陆器 $L/D=0.3$ 和 $L/D=0.5$ 的情况进行了对比分析，分析结果表明 L/D 越小，在火星表面着陆的质量就越大。一般来说，使用单层热防护结构相对双层热防护结构能够产生更好的预期效果。

一个重要的问题是针对载人任务，在下降的过程中使用降落伞进行着陆是否可行。研究给出的结论是："材料强度和可靠性决定着直径 30 m 降落伞能否使用。"研究结果表明这个限制并不是很强，30 m 直径的降落伞有它的使用需求，而且使用降落伞可以提高有效载荷的质量比。

研究结果表明，与使用较大着陆器（15 m 直径）的有效载荷质量比为0.25的相比，使用较小着陆器（10 m 直径）能够得到较大的载荷质量比（增大到0.3）。然而，在轨道进入质量为60～80 t（着陆载荷质量18～22 t）的情况下，再使用一个较小的着陆器显得不太现实。如果使用较大的着陆器（15 m 直径），初始入轨质量为100 t可以为着陆提供25 t的载荷。相比之下，先前的有些DRMs计划中，载荷质量比一般取为0.7，这样IMLEO的估值有着较小的估计（DRM-1，DRM-3）。不幸的是，这个高载荷质量比的假设并没有公开出版研究报告，因此无法与乔治亚技术团队的计算模型进行对比分析。由此看来，NASA的这项工作似乎做的并没有乔治亚技术团队做的深入，说服力也不强。比如乔治亚技术团队在下降系统干重分析中提供了30%的质量余量，而NASA的分析中很有可能没有考虑这个因素。

如果乔治亚技术团队提出的15 m直径的热防护结构被采用，那么从火星入轨初始质量到着陆质量的运输效率为G_{ML}～4.0。然而，这个数据中包含了火星再入过程中30%的干重（17%的湿重）余量。如果我们将这个比例减少到11%的湿重，G_{ML}～3.6，我们可以使用这样一个近似值。需要强调的是，前面所述的MSP 2001 Orbiter计划中并没有使用这样的值，而是直接从乔治亚技术团队的模型中获取的数据。

上述研究结论表明：任何需要下降到火星表面的设施设备或飞行器都有一个最大质量限制，约为25 t，运送这部分质量的传输效率为G_{ML}～3.6。

乔治亚技术团队的研究中并没有将EDL系统在气动辅助进入环火轨道和下降到火星表面的过程划分成两个单独的部分。看起来似乎热防护结构和缓冲气囊的主要质量都影响环火轨道进入，而推进质量（当然还有减速伞）影响下降。基于乔治亚技术团队的粗略估算，EDL系统质量的52%应当提供给气动辅助进入，而下降和着陆的质量占比为48%。由于整个EDL系统的总质量在环火轨道入轨质量中的占比为72%，那么火星大气再入系统的质量估算如下：如果火星的入轨质量为100 t，那么有28 t的载荷质量可以着陆到火星表面；剩下的72 t中，有37 t提供给气动辅助减速系统，35 t提供给下降与着陆系统。如果是40 t的入轨质量，那么最终留在环火轨道上的质量有34.6 t，这其中有19 t的质量属于下降与着陆系统，剩下的15.6 t是能够送到火星表面的载荷质量。因此得出结论：对于大的火星轨道入轨质量，气动辅助系统的质量约占入轨质量21/34.6～60%，整个EDL系统的质量与着陆载荷的质量比为40/15.6＝256%。其中，G_{MCOI}（火星转移轨道→火星轨道）取前述值1.6。

拉普（Rapp，2007）的研究表明，G_{ML}（火星转移轨道→火星表面）在使用LOX＋CH_4作为推进剂的情况下约为9.3。根据乔治亚技术团队的研究成果，G_{ML}在使用气动捕获减速的情况下为3.6。因此，使用气动辅助减速可有效降低G_{ML}（从而降低IMLEO）。然而，如果载荷质量比高于0.7（NASA DRMs计划所预期的），那么G_{ML}将达到1.4，在气动捕获减速的情况下会达到7。

还有一个重要的、需要考虑的问题是缓冲气囊所需要的体积是多大。乔治亚技术团队的研究结论表明，针对10 m直径和15 m直径的着陆器缓冲气囊的加压充气体积，应当≤60 m^3和≤287 m^3。这些体积包覆着货物、航天员和其他分系统。研究结果说明，这个缓冲系统适用于下降和着陆的过程，但并不适用于火星表面的长期居住，火星表面的长期居住设施需要额外进行搭建。然而，一个刚性的居住舱并不能被缓冲气囊所包覆，而一个柔性可充气式的居住舱似乎是可行的。

附录D 火星表面的生命保障消耗品

D.1 消耗品需求（不循环利用）

载人火星探测任务中（从地火轨道转移到火星、火星表面停留、返回地球以及火星下降和上升的过程中）的生命保障支持具有较大的挑战性。6人乘组的载人火星探测任务中，需要的所有消耗品质量预计远超100 t，甚至接近于200 t。因此要求IMLEO要超过2 000 t，如果消耗品不进行循环利用，而且在火星上不进行水资源的原位利用，那么单单是发射消耗品就需要使用13枚重型运载火箭。很明显，生保消耗品的质量在载人火星探测任务中占有较高比例，因此，进行消耗品的循环利用和火星水资源利用是使得这项任务的实施成为可能的关键。

NASA在他们的高级生命保障项目（ALS）中对生命保障作出的定义中包含以下几个方面：

1）空气供给；

2）生物产品；

3）食物供给；

4）废物处理；

5）水供给。

上述的每一条都是航天器环境控制与生命保障系统（ECLSS）中使得废物能够循环再利用的重要部分。这些子系统相对来说比较复杂而且相互之间耦合性很强。

消耗品需求的总结见表D-1。原始数据来源于NASA的高级生命保障项目（ALS）的报告，但对数据表达方式进行了修改处理，尤其是水。对于一个 6 人乘组的完整的火星任务，总的需求为 6×990×33.6=200 000 kg=200 t。

表 D-1 在长期的航天任务中对消耗品需求的预估量

项目	需求［kg/（每人每天）］
口腔卫生用水	0.37
洗手/洗脸用水	4.1
冲小便用水	0.5
洗衣用水	12.5
淋浴用水	2.7
餐具清洗用水	5.4
饮用水	2.0
水的总需求	*27.6*
氧气	1.0
缓冲气体（N_2）	3.0
食物	1.5
废物处理用品	0.5
消耗品总需求	*33.6*

为了更好地对载人火星探测任务中的 ECLSS 系统进行描述，第一步要做的便是梳理 6 人乘组在不同任务阶段中的消耗品清单。人们往往会罗列出每人每天的食物量、水量（不同种类用水）、气体用量以及废物处理用品量等。但是，这种方法并没有在任何 ALS 的报告中有所体现。因此，我们基于表 D-2 重新对这些数据进行了预估，假设没有消耗品循环利用和原位资源利用的情况下，表中给出了载人火星探测任务中必然会产生的生命保障消耗。消耗品的总质量为 200 t。基于拉普（2007）的研究数据，IMLEO 相应的“运输效率”也在表中给出了说明，各阶段总的 IMLEO 超过了 2 000 t，相当于使用 13 枚重型运载火箭专门进行生命保障消耗品的运输发射。很显然，在没有消耗品循环利用的情况下，这是很不切合实际的。

表D-2　在没有循环利用时针对6人乘组的不同火星任务阶段所需要净消耗的生保消耗品

任务阶段	火星转移	下降	表面停留	上升	地球返回
周期/天	180	15	600	15	180
水/t	29	2	100	2	29
氧气/t	1.1	0.3	4	0.3	1.1
食物/t	1.6	0.1	5.4	0.1	1.6
废物处理用品/t	0.6	—	1.8	—	0.6
缓冲气体/t	3.3	0.9	12	0.9	3.3
消耗品总量/t	36	3	123	3	36
IMLEO的"运输效率"	3	9.3	9.3	76	18
需要的IMLEO质量/t	108	28	1 144	228	656

D.2　使用再生循环利用系统

为了减少空间探测任务中从地球携带的生命保障消耗品的质量，NASA的高级生命保障项目一直积极地致力于对ECLSS原型样机的研究。

ECLSS不仅要为乘组提供表D-1中提到的消耗品，还要对密封舱内的污染物含量进行控制。NASA的生命保障报告中主要包含两个部分：一部分内容是基于国际空间站扩展任务中的技术发展，另一部分内容是基于NASA高级生命保障项目中的先进技术发展。报告中指出有些生命保障技术已经进入试验阶段。高级生命保障项目报告中给出了ECLSS系统的质量和能源需求。然而，报告中的基线数据和国际空间站上的实际经验是很难进行区分的，也就是说很难区分哪些数据是试验数据而哪些数据是模型仿真数据。同时，这些系统在长期轨道转移和火星表面停留过程中的可靠性也并不明确(大部分的工作似乎只是针对地球轨道任务而言的)。系统的寿命以及二次故障评估并未在报告中体现。值得注意的是，高级生命保障项目报告中对质量数据进行的预估均是基于 NASA 的研究成果，他们并没有考虑到系统的冗余和备份。

大部分报告中都对生命支持系统（LSS）中不同种类生保消耗品的质量进行了估算。同时，能源系统、热控系统等部分的质量也采用了等效系统评价方法进行了评估。但是，我们在这里并不使用等效系统评价方法进行预估。

主要被用来循环利用的消耗品是空气和水。对于任何一个再生循环系统来说，用来提供消耗品的系统的质量必须要考虑在内，同时还要考虑空气和水能够循环再利用的百分比。通过可再生利用的比例，可以计算出在消耗品循环利用的过程中，需要进行补给的消耗品量。因此对每个空气和水的管理系统，需要在每个任务阶段重点关注以下 5 项指标：

1）6 人乘组在任务阶段内的资源总需求量（M_T）；

2）系统的质量（M_{PP}）；

3）再利用百分比（R_P）（使用的资源中能够在每个循环中再利用的百分比）；

4）给循环利用过程中损失的消耗品进行补给的备份量：$M_B = (100 - R_P)M_T/100$；

5）在任务阶段内能够提供 M_T 消耗品的 ECLSS 系统的质量（系统质量＋备份质量）：$M_{LS} = M_{PP} + M_B$ 。

比较有意义的一个比值是 M_T/M_{LS} ，它表示资源总需求量在 ECLSS 系统中的占比，这个数值越大，说明系统的效率越高。

除了上述内容，系统的可靠性和寿命、冗余和备份等内容也应该进行讨论。最后，应考虑在火星进行水资源的原位利用对火星表面系统的潜在影响，并酌情考虑。

只有水和空气进行循环再利用，生物产品、食物、废物以及热管理单元部分都不再使用循环利用系统。

设想一个 6 人乘组的火星任务方案，去往火星和返回地球的飞行时间为 180 天，在火星表面停留时间 600 天。在不考虑再生循环利用的情况下消耗品的需求见表D-2。使用NASA的生保系统再生循环利用评估方法的情况下，消耗品的需求量见表D-3。每一个任务阶段ECLSS系统的总质量包含空气和水、食物和废物处理，而短时的上升和下降过程并没有考虑消耗品的循环利用。

从地球上提供上升推进剂的IMLEO取决于轨道。如果使用ISRU，那么IMLEO就不包含上升所需的推进剂。如果从地球上携带上升所需的推进剂，在考虑所有任务阶段影响后，如果上升至一个椭圆轨段，ECLSS系统的质量为570 t；如果上升至一个圆轨段，ECLSS系统的质量为440 t。

表D-3　采用NASA对ECLSS的评估方法对6人乘组火星任务消耗品的IMLEO进行估算（不使用ISRU）

任务阶段	火星转移	下降	火星表面停留	上升	地球返回
周期/天	180	15	600	15	180
水的需求＝M_T/t	29	2	100	2	29
水管理单元质量/t	1.4	—	4.1	—	1.4
水的再生利用率/%	>99	—	94	—	>99
水补给的质量/t	0.3	—	6.3	—	0.3
ECLSS水管理的总质量＝M_{LS}/t	1.7	2	10.4	2	1.7
M_T/M_{LC}比值	17	1	10	1	17
空气的需求＝M_T/t	4	0.9	12	0.9	4
供气管理单元质量/t	0.5	—	1.3	—	0.5
空气的再生利用率/%	83	—	76	—	83
空气补给的质量/t	0.7	—	2.9	—	0.7
ECLSS供气管理的总质量＝M_{LS}/t	1.2	0.9	4.2	0.9	1.2
M_T/M_{LS}比值	3	1	3	1	3
食物/t	1.6	0.15	5.4	0.15	1.6
废物处理物品/t	0.5	0.05	1.8	0.05	0.5
带向火星的总质量/t	5.0	3.1	21.8	3.1	5.0

续表

任务阶段	火星转移	下降	火星表面停留	上升	地球返回
由 LEO 的“运输效率”	3	9.3	9.3	76/34/0[a]	18
所需的 ECLSS 系统的 IMLEO/t	15	29	203	235/102/0[a]	90

注：[a] A/B/C：(A)：假设上升到火星椭圆轨道所使用的推进剂来自地球；(B)：假设上升到火星圆轨道所使用的推进剂来自地球；(C) 假设上升所使用的推进剂来自火星 ISRU。

如果在过程中进行火星 ISRU，那么运输 ECLSS 系统质量等效为近地轨道出发的质量，为 340 t。但这只是基于比较乐观的估计，因为在超过 2.7 年的任务周期中，很难评估表 D-3 中的可再生利用部分的数据是否能够满足系统失效时的应急救生模式。

最新的一个研究报告表明：

“根据和平号空间站、国际空间站和航天飞机的以往飞行经验，即使在地面进行了全面的硬件检查，仍然存在失效的可能性。对于长期的在轨飞行任务，比如和平号空间站和国际空间站，即使初始系统能够承受二次故障，也需要在轨贮存可更换单元（ORUs）或者从地球上进行发射补给。长时间的月面或火星停留需要一种与可更换单元不同的故障恢复方式。”

因此备份补给部分的质量会相应增大，甚至会使得系统的质量加倍。很明显，在长期的在轨任务中还需要进行长期的测试。桑德斯和杜克（Sanders and Duke，2005）强调了利用 ISRU 为 ECLSS 提供补给，并指出了 ECLSS 潜在的不可靠性。NASA 的高级生命保障项目同样对使用火星的水资源进行生保补给的言论持谨慎态度，虽然这样做的确可以为系统质量的减少和安全性提供好处。但获取这样的水资源需要精密的机械设备，人们对行星保护也有顾虑。然而，这方面似乎应该更多地关注 NASA 的高级生命保障项目的活动。

如前所述，在火星表面进行水资源的原位利用可以节省大量的费用和减小任务风险。可想而知，当乘组在火星表面时，首先是对火星表层的水资源进行提取利用，而且不需要再考虑水的再生循环利用问题，同时还能够解决火星表面氧气的需求问题。需要在火星表面进行循环使用的消耗品只剩下稀释气体。附录 C 中，拉普在文集（Rapp，2007）中指出，截至 2006 年，火星水资源较为丰富。从那时起，火星轨道飞行器的相机就观察到火星表面的冰。而新的陨石撞击事件进一步增加了火星表面存在冰的证据。

未来，高级生命保障项目在以下事项尚需要继续完善：

1）与其将研究精力放在 LSS 的高再生利用率上，不如将重点放在长期在轨任务中 LSS 的高可靠性和安全性上。对于火星来说，LSS 99.8%的可靠性的重要程度绝对要高于 90%的物质再生循环利用率。

2）详细说明提供的数据是否是基于试验数据以及试验所进行的具体时间。

3）在方案中考虑对火星表层的水资源加以原位利用。

D.3　生命保障小结

综上所述，针对火星任务中的生命保障消耗品的问题，得出结论如下：

1）虽然生命保障消耗品的种类有很多，水在整个生保系统质量需求的占比中肯定是最大的。

2）如果不进行消耗品再生利用和原位资源利用，一次载人火星探测任务中的消耗品的需求约为 200 t，也就是说需要 2 000 t 的 IMLEO。这样的设计方案是不可能被采纳的和非常不切合实际的。几乎 200 t 消耗品中的一半质量是在火星表面停留期间所必需的。

3）如果对空气和水进行再生循环利用，且高级生命保障项目对于 ECLSS 的质量需求评估是基于国际空间站的飞行经验，那么系统的总质量将从 200 t 减小到 38 t，IMLEO 将从 2 000 t 减小到 570 t，仍然需要几枚重型运载火箭进行生保消耗品和再生循环利用系统的发射。

4）高级生命保障项目对 ECLSS 质量需求的评估与国际空间站实际飞行经验的数据之间的关系并没有被披露，因此高级生命保障项目提供的试验数据依据并不明确。

5）高级生命保障项目的报告没有对系统的寿命、可靠性和 ECLSS 的失效性进行讨论研究，在 2.7 年的火星任务时间内不失效的情况下，并不清楚如何将国际空间站的相关数据推广到火星任务中。

6）本文中的估算没有考虑系统的冗余和备份问题。

7）火星表面水资源的原位利用就可以不必考虑在火星表面进行水资源和氧气再生循环利用的问题。

附录 E　在 LEO 轨道对飞行器进行来自月球制备的推进剂补给

E.1　介绍

如果可以把在月球生产制造的推进剂在 LEO 轨道对火星转移飞行器进行 H_2 和 O_2 的补给，那么飞行器从地球的发射质量可以比从地球携带推进剂发射的情况减少 40%左右。比如，从地球携带推进剂的总质量为 250 t 的火星转移飞行器，如果液氢/液氧推进剂能够从月球制备并进行补加，那么飞行器的质量将变为 100 t，将会给火星转移飞行器的发射灵活性带来很大的益处。

使用前文提到的计算模型[1]，可以对从月球上获取的水运送到 LEO 轨道进行推进剂补给量的占比进行估算。在这里假设月球上的水比较容易进行开发获取，如果这个假设完全不成立，那么整个方案设想就会变得毫无意义。另一方面，如果飞行器的质量过大，那么整个过程也会变得不切实际。

假设在月面已经安装好水提取设备，有一部分水被电解为 H_2 和 O_2 并被运输到月球拉格朗日 L1 点（LL1）。LL1 点是一个很有意义的位置，因为只需要很少的推进剂便可以将飞行器从月球轨道或地球轨道送入这个位置（见图 E-1 所示）。甚至有的研究报告中提议在 LL1 点建立一个推进剂的补给站，在这个交界点进行星际飞船的交会。

---

[1] Blair, B. R., J. Diaz, M. B. Duke, E. Lamassoure, R. Easter, M. Oderman, and M. Vaucher (2002) "Space Resource Economic Analysis Toolkit: The case for commercial lunar ice mining," *Final Reportto the NASA Exploration Team*.

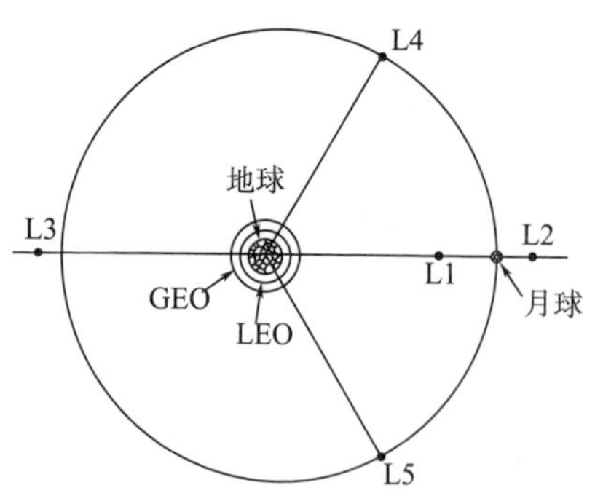

图 E-1 地-月拉格朗日点示意（未标尺寸）

其中，LEO 为低地球轨道，GEO 为地球同步轨道

在这个过程中会使用到两类飞行器。月面水箱（LWT）将水从月面运往 LL1 位置。在 LL1 点，一部分水电解出的推进剂用于将 LWT 送回月球，一部分水电解出的推进剂用于将从 L1 点到近地轨道的货运飞船（LLT）送往 LEO，剩下的水被带到 LEO 轨道。在 LEO 轨道，剩余部分的水被电解，电解出的一部分 H_2 和 O_2 被用于将 LLT 送回 LL1 位置。最后将余下的推进剂加注给火星转移飞行器，整个过程如图 E-2 所示。需要重点关注的是能够带到 LEO 轨道的水与在月球上能够提取的水的比例关系。

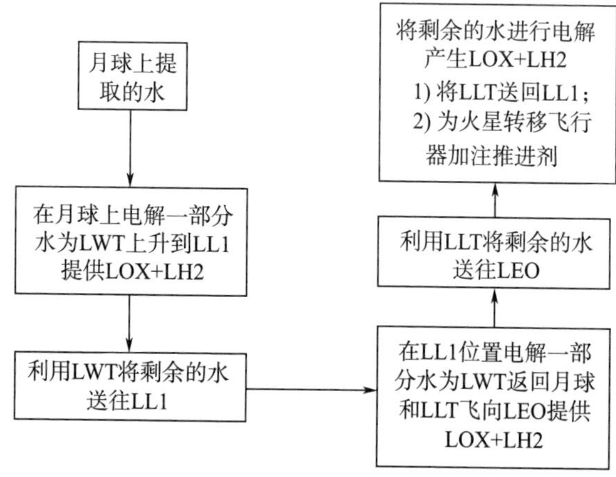

图 E-2 将水从月球送往 LEO 的整个过程

根据布莱尔（Blair）等人的研究，不同轨道转移的速度增量 Δv 见表E-1所示，其中，LL1到LEO的过程需要在LEO轨道上用到气动捕获减速。

表E-1　不同轨道转移的速度增量 Δv/（m/s）的估算

轨道转移	Δv/（m/s）
地球-LEO	9 500
LEO-GEO	3 800
GEO-LEO（气动制动）	500
GEO-LL1（仅仅基于假设）	800
LL1-LEO（气动捕获）	500
LEO-LL1	3 150
LL1-LLO	900
LL1-月面	2 390
月面-LL1	2 500

E.2　月球生产的水送往LEO的意义

载人火星探测任务中的一个主要限制是需要使用大质量的火星着陆器。假设在火星轨道转移（TMI）的过程中使用液氢/液氧作为推进剂，如果要将1 kg的载荷着陆到火星表面，那么IMLEO则需要9～11 kg。这样的话，如果需要将一个质量为40 t的着陆器着陆到火星，则需要360 t（或者更大）的IMLEO。

在IMLEO中，约有60%的质量是火星轨道转移的 H_2 和 O_2 推进剂。如果飞行器能够在LEO接受来自月球的推进剂加注，从地球发射的飞行器总质量相对从地球携带推进剂的飞行器质量能够减少40%。比如，从地球携带250 t推进剂的火星转移飞行器，如果能够从月球补加液氢/液氧推进剂的话，飞行器的质量将变为100 t。这会对火星转移飞行器的发射灵活性带来很大的好处。

E.3　LEO 轨道得到的水与月球上提取的水的比例关系

从月球提取的水与能够送到 LEO 的比例关系主要与飞行器在转移过程中需要消耗的推进剂质量有关。布莱尔等人的研究给出了不同的关注点：有关商业通信卫星轨道提升质量和推进剂的分析可直接引入到我们的关注点上：即在 LEO 轨道上利用从月球制备的推进剂对火星转移飞行器进行推进剂加注。

E.3.1　通过 LL1 点的运输

在现有的研究中，布莱尔等人对 LWT 飞行器和 LLT 飞行器的质量估算方法被普遍接受。根据表 E-1 中对于速度增量的估算，把从月球获取的水最终送往 LEO 的效率是与贮箱质量有关的函数。

每电解出 1 kg 的 H_2 能够得到 8 kg 的 O_2。由于 O_2/H_2 的最佳混合比例关系被认为是 6.5∶1，因此每生产 1 kg 的 H_2 可以额外获得 1.5 kg 的 O_2。虽然 O_2 在 LEO 很可能有较好的用途，比如补给生命保障系统，但这些多出来的 O_2 还可能被泄出。这表明，每电解 1 kg 水，只有 7.5/9=0.833 kg 能够被用到推进剂生产过程中。

每一个飞行器的质量（LLT 或 LWT）由三项质量进行相加得到：

M_P=推进剂质量；

M_i=固有质量（包括结构、去往 LEO 减速罩、去往月面的着陆系统、水箱、可重复使用推进级和电子设备）；

M_W=送往下一个目的地的水的质量；

M_t=总质量=$M_P+M_i+M_w$。

在这个设计中，LWT 和 LLT 固有质量中的水箱质量尤其重要。我们假设固有质量与总质量呈比例关系

$$M_i=K(M_t)$$

其中，K 是一个可变参数，我们分别为 LWT 和 LLT 定义 K_1

和 K_2。

在开始进行计算之前，假设能够在月面提取到足够的水，支持将 25 t 的水送往 LL1。之后我们反过来对月球上需要提取的水的质量进行估算，这一结果可被推广。

根据火箭方程式，有

$$M_P/(M_i + M_w) = R - 1$$

$$M_t/(M_w + M_i) = (M_P + M_w + M_i)/(M_w + M_i) = R$$

$$M_t/M_P = R/(R - 1)$$

从月面转移到 LL1 的过程，有

$$R = \exp(\Delta v/(9.8 * I_{SP}) = \exp(2\,500/(9.8 \times 450)) = 1.763$$

月面的总质量为

$$M_t = M_P + M_i + M_w$$

$$M_t = M_t(R - 1)/R + KM_t + M_w$$

$$M_w = M_t[1 - (R - 1)/R - K]$$

$$M_t = M_w/[1 - (R - 1)/R - K]$$

如前所述，我们规定 M_w=25 t，由此进行计算 M_t。这样的话，所有的其他方程都可以直接进行计算。表 E-2 给出由月面到 LL1 过程中的计算结果。表中 J 列的 R 和 L 列的 K_1 均为指定值，具体计算步骤如下：

1）第一步，将 25.0 的数值放入 H 列，作为送往 LL1 处的水；

2）第二步，在 C 列对总质量进行计算；

3）第三步，在 D 列对固有质量进行计算；

4）第四步，在 E 列对推进剂的质量进行计算；

5）第五步，在 F 列对需要进行电解的水的质量进行计算；

6）第六步，在 G 列对生产出来多出的氧气质量进行计算；

7）第七步，在 I 列对月球提取的水的质量进行计算。

下一步是将空的 LLT 从 LL1 返回月球，计算结果见表 E-3。H 列的负数表示 K_1 的值过大，从而导致没有水能够从月球送入到 LL1。

表 E-2 将 25 t 的水从月面送往 LL1 的需求计算

1	C	D	E	F	G	H	I	J	K	L
2	总质量	固有质量	推进剂质量	电解水的质量	多出氧气质量	水的转移质量	月球上提取的水	火箭方程因子		—
3	M_t	M_i	M_P	M_{el}	$M_{XS}O_2$	M_W	M_M(提取)	R	$R-1$	K_1
4	$=H/[1-L-(K/J)]$	$=L*C$	$=C-D-H$	$=1.2*E$	$=F-E$	—	$=H+F$	—	$=J-1$	—
5	53.50	5.35	23.15	27.78	4.63	25.00	52.78	1.763	0.763	0.10
6	58.51	8.19	25.32	30.38	5.06	25.00	55.38	1.763	0.763	0.14
7	64.55	11.62	27.93	33.52	5.59	25.00	58.52	1.763	0.763	0.18
8	71.99	15.84	31.15	37.38	6.23	25.00	62.38	1.763	0.763	0.22
9	81.36	21.15	35.20	42.25	7.04	25.00	67.25	1.763	0.763	0.26
10	93.53	28.06	40.47	48.57	8.09	25.00	73.57	1.763	0.763	0.30
11	109.99	37.40	47.60	57.12	9.52	25.00	82.12	1.763	0.763	0.34
12	133.49	50.72	57.76	69.31	11.55	25.00	94.31	1.763	0.763	0.38
13	169.74	71.29	73.45	88.14	14.69	25.00	113.14	1.763	0.763	0.42

表 E-3　将 LLT 从 LL1 送回月面过程的需求计算

	C	D	E	F	G	H	J	K	L
	总质量	固有质量	推进剂质量	水电解质量	额外氧气质量	水剩余质量	火箭方程因子		
	$M_T = D + E$	$M_i = D(T2)$	$M_P = D * K$	$M_{el} = 1.2 * E$	$M_{XS} = F - E$	$M_W = 25 - F$	R	$R - 1 = J - 1$	K_1
5	9.20	5.35	3.85	4.62	0.77	20.38	1.719	0.719	0.10
6	14.08	8.19	5.89	7.07	1.18	17.93	1.719	0.719	0.14
7	19.98	11.62	8.36	10.03	1.67	14.97	1.719	0.719	0.18
8	27.23	15.84	11.39	13.67	2.28	11.33	1.719	0.719	0.22
9	36.37	21.15	15.22	18.26	3.04	6.74	1.719	0.719	0.26
10	48.25	28.06	20.19	24.22	4.04	0.78	1.719	0.719	0.30
11	64.30	37.40	26.90	32.28	5.38	—7.28	1.719	0.719	0.34
12	87.21	50.72	36.49	43.79	7.30	—18.79	1.719	0.719	0.38
13	122.57	71.29	51.28	61.54	10.26	—36.54	1.719	0.719	0.42

具体计算过程如下：

1）第一步，将表 E-2 中 D 列固有质量的数据直接应用到表 E-3 中的 D 列中；

2）第二步，在 E 列对推进剂质量进行计算；

3）第三步，在 C 列对返回 LLT 时的总质量进行计算；

4）第四步，在 F 列对给 E 列提供推进剂需要电解的 LL1 点的水的质量进行计算；

5）第五步，在 G 列对额外产生的氧气质量进行计算；

6）第六步，在 H 列对 LL1 点剩余的水的质量进行计算。

下一个过程是将水从 LL1 送往 LEO，轨道转移所需的推进剂量对应的水的质量在 LL1 将 LLT 送回月球之后从剩余的水量中进行了扣除（表 E-3 中的 H 列）。这个计算的结果与猜想值进行对比，猜想结果在一个范围内进行变化，直到与计算结果相一致。基于一个设想的 K_2 值，计算结果见表 E-4 所示。表中每一列对应的 K_1 值来源于表 E-3。这个计算针对不同的 K_2 值可以重复进行。

具体计算步骤如下：

1）第一步，对于表 E-4 中的任意一行，在 H 列假设一个运送到 LEO 的水的质量，这个值必须要比表 E-3 中相同行数 H 列的值要小；

2）第二步，对于 H 列的假设值，在 C 列对总质量进行计算；

3）第三步，在 D 列对固有质量进行计算；

4）第四步，在 E 列对推进剂质量进行计算；

5）第五步，在 F 列对需要电解的水的质量进行计算并对 G 列额外的氧气质量计算；

6）第六步，重复步骤 1 到步骤 5 直到 H 列的设想值与 I 列的计算值相一致；

7）第七步，在表 E-4 所有行中，重复步骤 1 到步骤 6；

8）第八步，对于不同的 K_2 值，重复步骤 1 到步骤 7。

最后，我们对将空载的 LWT 从 LEO 送回 LL1 的过程需求进行计算，见表 E-5 所示。具体计算过程如下：

表 E-4　将水从 LL1 送到 LEO 过程中的需求计算，K_2 取为固定值 0.1 而 K_1 的值来源于表 E-3

	C	D	E	F	G	H	I	J	K	L
	总质量	固有质量	推进剂质量	电解水的质量	多出氧气质量	水的转移质量	水的转移质量	火箭方程因子		—
	M_T	M_i	M_P	M_{el}	M_{XS}	M_W(设想)	M_w(计算)	R	$R-1$	K_2
	$=H/[1-L-(K/J)]$	$=L*C$	$=C-D-H$	$=1.2*E$	$=F-E$	$H(T3)$	$=H-F$	—	$=J-1$	—
5	22.12	2.21	2.37	2.85	0.47	17.54	17.54	1.12	0.12	0.1
6	19.46	1.95	2.09	2.50	0.42	15.43	15.43	1.12	0.12	0.1
7	15.26	1.53	1.64	1.96	0.33	12.10	13.0	1.12	0.12	0.1
8	12.29	1.23	1.32	1.58	0.26	9.74	9.75	1.12	0.12	0.1
9	7.30	0.73	0.78	0.94	0.16	5.79	5.80	1.12	0.12	0.1
10	0.83	0.08	0.09	0.11	0.02	0.66	0.67	1.12	0.12	0.1
11	0.13	0.01	0.01	0.02	0.00	0.10	—7.30	1.12	0.12	0.1
12	0.13	0.01	0.01	0.02	0.00	0.10	—18.80	1.12	0.12	0.1
13	0.13	0.01	0.01	0.02	0.00	0.10	—36.56	1.12	0.12	0.1

表 E－5 将 LWT 从 LEO 送到 LL1 过程中的需求计算，K_2 取为固定值 0.1 而 K_1 的值来源于表 E－2

	C	D	E	F	G	H	J	K
	总质量	固有质量	推进剂质量	水电解质量	额外氧气质量	水剩余质量	火箭方程因子	
	$M_T = D + E$	$M_i = D(T4)$	$M_P = D * K$	$M_{el} = 1.2 * E$	$M_{XS} = F - E$	$M_W = M_W(T4) - F$	R	$R - 1 = J - 1$
5	4.52	2.21	2.31	2.77	0.46	14.77	2.043	1.043
6	3.98	1.95	2.03	2.44	0.41	12.99	2.043	1.043
7	3.12	1.53	1.59	1.91	0.32	11.10	2.043	1.043
8	2.51	1.23	1.28	1.54	0.26	8.21	2.043	1.043
9	1.49	0.73	0.76	0.91	0.15	4.89	2.043	1.043
10	0.17	0.08	0.09	0.10	0.02	0.57	2.043	1.043
11	0.03	0.01	0.01	0.02	0.00	−7.31	2.043	1.043
12	0.03	0.01	0.01	0.02	0.00	−18.82	2.043	1.043
13	0.03	0.01	0.01	0.02	0.00	−36.57	2.043	1.043

1）第一步，在表E-5中D列的每一行，对于每一个K_2值使用表E-4中的固有质量；

2）第二步，在E列计算推进剂的质量；

3）第三步，在C列计算总质量；

4）第四步，在E列计算推进剂的质量；

5）第五步，在F列计算电解水的质量并在G列计算额外的氧气的质量；

6）第六步，通过减去表E-4中电解水的质量（F列），在H列计算LEO剩余的水的质量。

如果对于不同的K_1和K_2的值采用以上步骤进行重复计算，得到的结果见表E-6所示，将表中数据转化为送往LEO的水的质量占月球提取水量的比例关系，见表E-7所示。

表E-6　K_1和K_2不同取值情况下，运送25 t水到LL1需要从月球表面运往LEO轨道的水的质量（t）

K_1 \ K_2	0.10	0.20	0.25	0.30	0.35	月球提取的水
0.10	14.77	10.98	8.71	6.14	3.18	52.78
0.14	12.99	9.66	7.67	5.41	2.80	55.38
0.18	10.85	8.06	6.40	4.52	2.34	58.52
0.22	8.21	6.10	4.84	3.41	1.78	62.38
0.26	4.88	3.63	2.88	2.03	1.04	67.25
0.30	0.57	0.42	0.32	0.24	0.12	73.57
0.34	—	—	—	—	—	82.12
0.38	—	—	—	—	—	94.31
0.42	—	—	—	—	—	113.14

表 E-7 将表 E-6 中数据转化为送往 LEO 的水的质量占月球提取水量的比例关系

K_1 \ K_2	0.10	0.20	0.25	0.30	0.35
0.10	0.28	0.21	0.17	0.12	0.06
0.14	0.23	0.17	0.14	0.10	0.05
0.18	0.19	0.14	0.11	0.08	0.04
0.22	0.13	0.10	0.08	0.05	0.03
0.26	0.07	0.05	0.04	0.03	0.02
0.30	0.01	0.01			

计算的下一个过程是对 LLT 的 K_1 和 LWT 的 K_2 的值进行估算。

对于 LLT 来说，固有质量包含着陆结构、飞行器结构水箱和推进级的质量[2]。典型推进级干重中约 12%（而 ESAS 计划中的值为 20%）为 H_2-O_2 推进剂的质量，由于推进剂的质量在离开月面的总质量中占比为 42%（基于计算），推进级的干重在离开月面的总质量中占比约为 5%。水的质量在离开月面的质量中占比为 40%，如果水箱的质量为水的 10%，那么水箱质量在总质量中的占比约为 4%。飞行器结构和着陆结构的质量比较难估计，大胆地猜想占总质量的 12%。由此，我们粗略的估计 K_1 约为 $0.05+0.04+0.12\approx0.21$。

LEO 贮箱并不包含月球水箱所需要着陆的结构，因此估计飞行器的结构质量占总质量的 7%。由 LLT 运输的水的质量占到总质量的 55%，因此水箱的质量占总质量的 5.5%。另外，飞行器的气动减速罩占进入到 LEO 质量的 30%，进入到 LEO 的质量约为 LL1 出发质量的 90%，因此减速罩在离开 LL1 总质量中的占比约为 27%。因此 K_2 的值大约为 0.33。这些仅仅是粗略的估算。

---

[2] 然而，ESAS 方案中从月球上升中指出这项推进级的干重更可能是 20%。

如果K_1～0.21且K_2～0.33，那么仅有5%的在月面提取的水能够运送到LEO轨道。换句话说，只有12%的在月球制备的水能够起飞上升运输到LEO轨道。由此看来这个过程的经济性是值得怀疑的。

E.3.2 通过月球轨道运输

在这一节中，我们考虑使用近月轨道（LLO）进行水资源的LEO轨道运输，并与LL1点的计算结果进行对比。利用近地轨道（LEO）进行水资源运输的计算过程基本上与前一节类似，除了要使用LLO轨道的速度增量将LL1轨道的速度增量进行替换。LLO轨道的速度增量来自于《载人航天任务分析与设计》*（*Human Spaceflight*：*Mission Analysis and Design*）。与LL1的速度增量对比，速度增量有所变化，见表E-8所示。

表E-8 LLO与LL1的轨道转移速度增量Δv（m/s）的对比

转移过程	Δv（LL1）	Δv（LLO）
月面到LLO或LL1	2 520	1 870
LLO或LL1到月面	2 520	1 870
LLO或LL1到LEO	770	1 310
LEO到LLO或LL1	3 770	4 040

借由LL1轨道进行月面往返运输需要较大的速度增量Δv，同时借由LLO轨道进行LEO轨道的往返运输也需要较大的速度增量。因此借由LL1轨道更敏感于K_1的值，借由LLO轨道更敏感于K_2的值。正因为这个原因，表E-9列出了分析结果来具体解释。

* 译者注：该书中文译本已于2016年中国宇航出版社出版。

表 E-9 以 K_1、K_2 为参数，从月球上开采的水质量与转移到 LEO 的水的质量的比值

基于 LL1 轨道的运输

K_1 \ K_2	0.10	0.20	0.25	0.30
0.10	0.23	0.14	0.09	0.03
0.14	0.19	0.12	0.07	0.02
0.18	0.15	0.09	0.06	0.02
0.22	0.10	0.06	0.04	0.01
0.26	0.05	0.03	0.02	0.01
0.30	—	—	—	—
0.34	—	—	—	—
0.38	—	—	—	—
0.42	—	—	—	—

基于 LLO 轨道的运输

K_1 \ K_2	0.10	0.20	0.25	—
0.10	0.25	0.11	0.03	—
0.14	0.22	0.10	0.02	—
0.18	0.20	0.09	0.02	—
0.22	0.17	0.07	0.02	—
0.26	0.14	0.06	0.02	—
0.30	0.10	0.05	0.01	—
0.34	0.09	0.04	0.01	—
0.38	0.03	0.02	—	—
0.42	—	—	—	—

附录 F　将氢送到月球或火星并贮存

以下是拉普在 2005 年编写的一个文摘报告。

F.1　在室温下以高压气体的形式贮存

室温下高压气体的贮存面临的主要问题是需要特别高的压力，因此贮箱的质量很大，约有 95%的质量是贮箱，而 5%的质量是氢。以往关于对氢气贮箱的研究如下表所示。

1980 年之前	类型Ⅰ刚性贮箱（氢占～1.5 %的质量）
1980 — 1987	类型Ⅱ环形贮箱（氢占～2.3 %质量）
1987 — 1993	类型Ⅲ全包铝贮箱（氢占～3 %质量）
1993 — 1998	类型Ⅳ全复合材料贮箱（氢占～4.5%质量）
2000 — 2003	先进复合材料贮箱（氢占～7 %质量）

包括支架、液体收集管理装置和管路在内的整个贮箱会降低氢的贮存率。例如，7%氢质量的贮箱（如上表的先进复合材料贮箱）只能贮存全部质量中 5%的氢。在 5 000 psi 的高压环境下的贮箱可以贮存更高比重的 H_2，而将压力提升至 10 000 psi 时则降低了氢的贮存率。

F.2　贮存为低温液体

F.2.1　质量因子

一个粗略的经验法则是，用低温贮箱贮存液氢情况下的总质量分布情况是：氢箱的质量约占到总质量的 20%，可用的氢质量约占

75%，氢蒸发或残留在贮箱内的不可用量约占5%。这些并不包含其他的质量影响，例如屏蔽结构质量，或者包含低温贮箱而对飞行器结构有影响部分的结构质量。用低温贮箱对液氢进行贮存，不像贮存高压气体，它面临的主要问题并不是质量，而是热泄漏和液氢的蒸发问题。

各种任务周期的空间应用任务是否可以使用液氢的可行性问题，主要取决于贮箱的热量泄漏率及任务周期内的液氢蒸发量。有人提议使用主动制冷系统对贮箱不断进行散热，从而达到零蒸发量(ZBO)。然而，要想达到ZBO而带来的质量和能源需求会使得整个系统的可靠性问题变得复杂。

对于氢的高压贮存来说，包括DOE能源部门以及公开的资料中均提到了使用液氢贮存的方式，但他们很少提到“质量”的问题。

F.2.2 在真空环境下液氢贮箱的蒸发量

在真空环境下进行贮箱热防护的一个主要方式是使用多层隔热组件（MLI)。然而，单纯使用MLI在大气环境中很可能达不到理想的效果，还需在隔热层内部进行防热填充，比如在发射过程中使用泡沫材料或者真空微球。由于考虑到多层隔热材料在火星大气环境下的能力有限，隔热填充材料还是很有必要的。然而，通过任何一种大气绝缘原理设计的传热都要比通过真空MLI快得多。

液氢在发射台上的蒸发量控制主要依靠泡沫隔热材料。该蒸发量约为每小时1.2%，因此火箭的加注时间越接近发射时间越好。

液氢在空间的蒸发量控制主要依靠多层隔热组件。格恩齐等人(Guernsey et al.，2005）推荐使用以下计算公式对n层多层隔热组件的热流（W/m^2）进行计算。其中，以绝对温度为单位，T_H表示外界的环境温度，而T_L表示贮箱中的液氢温度，Q_{MLI}/A为漏热率(W/m^2)

$$Q_{MLI}/A=\{1.8/N\}\{1.022\times10^{-4}\times[(T_H+T_L)/2][T_H-T_L]+1.67\times10^{-11}(T_H^{4.67}-T_L^{4.67})\}$$

如果 $N=40$，$T_H=302$，$T_L=20$，得到

$$Q_{\mathrm{MLI}}/A=0.5\ \mathrm{W/m^2}$$

漏热率 $Q_{\mathrm{MLI}}/A(\mathrm{W/m^2})$ 与液氢蒸发量的关系可以由蒸发热（446 kJ/kg）的数据中进行推算。每平方米贮箱的日蒸发量为

$$Q_{\mathrm{MLI}}/A\times 24\times 3\ 600/446\ 000=0.194(Q_{\mathrm{MLI}}/A)\ \mathrm{kg/day}$$

对于一个直径为 3.3 m、表面积为 34 $\mathrm{m^2}$的贮箱来说，日蒸发量为 6.6(Q_{MLI}/A)kg/day 。

整个贮箱的含氢量为

$$6.6\times 100(Q_{\mathrm{MLI}}/A)/1\ 917=0.344(Q_{\mathrm{MLI}}/A)(\%\ \text{per day})\text{or}$$
$$=10.3(Q_{\mathrm{MLI}}/A)(\%\ \text{per month})$$

从以上公式中的估计中可以看出，(Q_{MLI}/A) 约为 0.5 $\mathrm{W/m^2}$，这意味着约 0.17%的日蒸发量和约 5%的月蒸发量。这一部分的热负荷可以通过增加多层隔热组件的层数减轻。这是假设贮箱周围真空环境温度为 302 K 时的热泄漏的粗略估计，而实际飞行的过程中还应当考虑很多其他的因素，比如飞行器的姿态和朝向，使用阴影区或结构设备等对贮箱进行热屏蔽等。如果贮箱被设计用来进行行星表面着陆，毋庸置疑的是其需要安装在气动防护罩的内侧。相对于一个大型的贮箱，为了减少热负荷，用于着陆月球或火星的贮箱应当是采用捆绑多个小型贮箱的结构。

MLI 会根据不同位置的漏热情况进行降级处理，这个递降因子是漏出的热量与传入到 MLI 总热量的比值。导热因子为不进行填充的热传递与进行填充的热传递量的比。哈伯布施、施托赫尔和库列尔（Haberbusch，Stochl and Culler，2004）的研究中推荐使用的 MLI 递降因子为 1.74，而导热因子为 0.14。格恩齐（Guernsey）等人（2005）的研究中讨论了通过焊缝和支撑结构的漏热情况，建议将计算得到的漏热增加 20%，并为一些不确定性的情况增加 50%的设计余量。Augustynowicz 和 Fesmire（1999）以及 Augustynowicz，Fesmire 和 Wikstrom（1999）的文献中提到：“标准 MLI 在空间中的性能甚至只有实验室条件下的 1/10。”相关数据的对比分析见图 F-1 所示。

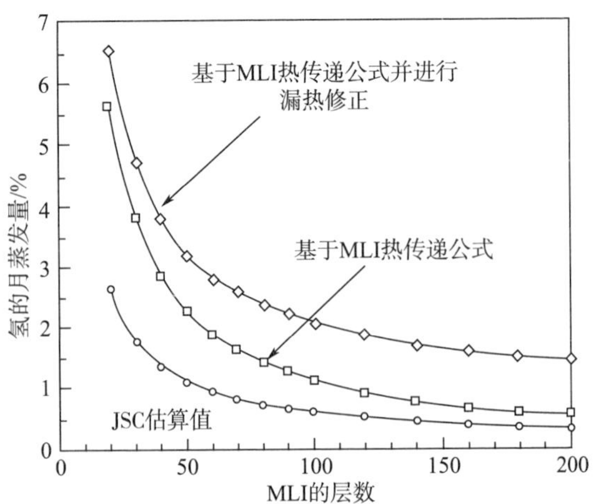

图 F-1 氢的蒸发量的计算对比。NASA 的计算是基于报告：*Lunar Architecture Focused Trade Study Final Report*，October 22，2004，NASA Report ESMD-RQ-0005。MLI 的热传递计算公式在前述中已经给出。修正曲线来源于参考文献［Guernsey et al. (2005)］。Augustynowicz and Fesmire (1999) and Augustynowicz，Fesmire，and Wikstrom (1999) 文献中对漏热的曲线修正值约为图中最上面的曲线值的 2 倍。

另一方面，MLI 的搬运和安装也是很棘手的事情。如果 MLI 是压缩状态，层与层之间相接触会增加导热系数。Augustynowicz 和 Fesmire (1999) 和 Augustynowicz，Fesmire 和 Wikstrom (1999) 的文献中均给出了由 MLI 向贮箱内部进行热渗漏的数据。如图 F-2 所示，这些数据是以当量导热系数的形式给出，需要和温度梯度相乘并除以厚度，从而得到每一个单位面积的热流量。对于抽真空的厚度为 0.22 m 的 40 层的 MLI，导热系数 k 接近于 0.006 W/(m·K)。对于 280 K 的温差，每一单位的热流为 $0.0006\times280/0.22=0.8\ \text{W/m}^2$，对应的月蒸发量约为 8%左右。

任何在空间贮存液态工质的系统都会不可避免的发生热渗漏现象，引起制冷剂汽化，如果有多余蒸汽未排出的话，都会导致贮箱内部的压力增大。虽然在零重力的环境下要通风而无制冷剂损失是

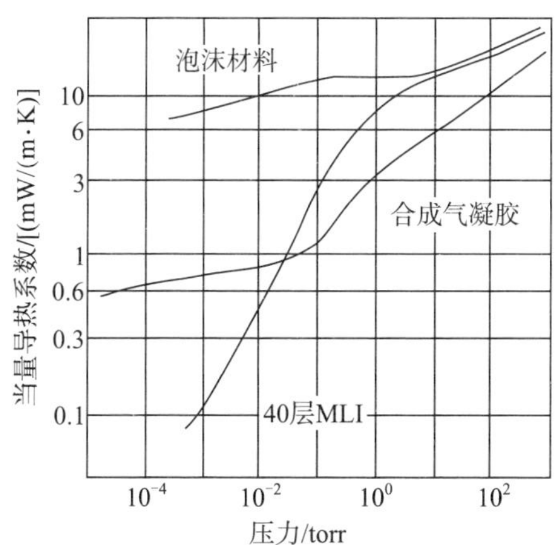

图 F-2　填充材料的性能与抽真空度（Torr）的关系。在高真空的环境下 MLI 的性能比较好而在火星气压（4-8Torr）的环境下气凝胶的性能要好

个很棘手的事情，不过还是可以做到的。通风排气的热力学排气方法正在开发中，利用低温冷却的太空望远镜通常使用了多孔介质使气态氦扩散而有效阻止液态氦的流失，但这种方法很可能不适用液氢。液态贮氢对于任何空间应用的可行性都严重依赖于热泄漏到贮箱中的速率。在对蒸发量进行控制的情况下，漏热的情况将会决定贮箱在满足任务周期氢需求的初始质量。有迹象表明，氢可以被贮存，最初的可用氢量占初始总质量的 75%，因此我们可以估算，假设在 M 个月的情况下，每月蒸发量为 X%。脚注 I 和 F 代表初始和最终，脚注 H 和 F 代表氢和贮箱，脚注 TOT 代表总的（氢+贮箱），则有

$$M_{\mathrm{TOT,I}}=M_{\mathrm{H,I}}+M_{\mathrm{T,I}}=1.33M_{\mathrm{H,I}}$$

$$M_{\mathrm{T,F}}=M_{\mathrm{T,I}}$$

$$M_{\mathrm{H,F}}=M_{\mathrm{H,I}}(1-MX/100)$$

$$M_{\mathrm{TOT,I}}=1.33M_{\mathrm{H,I}}/(1-MX/100)$$

比如，$M=7$ 而 $X\%=7\%$的情况下，初始的总质量为最终剩余液氢质量的 2.61 倍，因此最终液氢的质量为开始总质量的 38%。很明显，当（MX）接近于 100 时，初始的质量就会无限大。根据普拉

赫塔和基特尔（Plachta，Kittel，2003）文献中的研究，对任意蒸发量条件下的初始质量进行估算。对于半径为 R 的充满液氢的贮箱，它的质量为

$$M_T = 6.3 \times A = 6.3 \times 4\pi R^2 (\mathrm{kg})$$

初始氢的质量为

$$M_I = 70\ V = 70 \times (4/3)\pi R^3 (\mathrm{kg})$$

初始的总质量为

$$M_{TOT} = 6.3 \times 4\pi R^2 + 70 \times (4/3)\pi R^3 (\mathrm{kg})$$

液氢的蒸发量与贮箱的表面积（$A = 4\pi R^2$）呈正比关系。因此在贮存 N 天之后的氢的质量为

$$M_F = M_I - K \times A \times N$$

其中，K 是一个与传入贮箱中的热和氢的蒸发热有关的常量。普拉赫塔和基特尔（Plachta，Kittel，2003）的研究中对 62 天之后要提供 1 250 kg 的氢的情况作了估算，需要的贮箱和初始推进剂的总质量约为1 700 kg。那么 $M_{TOT} = 1\ 700$，而 $R = 1.71$ m，$M_T = 232$ kg，$M_I = 1\ 468$ kg，$A = 36.75$ m^2。这样我们根据计算模型可以得出

$$K = (M_I - M_F)/(AN) = (1\ 468 - 1\ 250)/(36.75 \times 62)$$
$$= 0.096[\mathrm{kg}/(\mathrm{m}^2 \cdot \mathrm{day})]$$

因此，普拉赫塔和基特尔（Plachta，Kittel，2003）研究中估算的漏热率应该为

$$0.096 \times 446\ 000\ \mathrm{J/kg}(24 \times 3\ 600\ \mathrm{s/day}) = 0.50\ \mathrm{W/m^2}$$

这个数值比前述中 40 层 MLI 的 0.9 W/m^2 的漏热率要小得多。用 0.9 W/m^2 的数据进行计算时，K 应当为 0.173 [kg/（m^2 · day）]。对于一个 9 个月的火星转移任务，$N = 270$ 天。那么

$$M_I = M_F + 270KA$$

通过前述对于 M_I的定义，可以将 A 改写为包含 M_I的表达式

$$A = 4\pi R^2 = 4\pi[M_I/(70 \times (4/3)\pi)]2/3$$

由此可以通过 M_F 和 N 的值对 M_I 进行插值估算。哈伯布施，施托赫尔和库列尔（Haber bush，Stochl and Culler，2004）对 300 层

多层材料下的氢贮存模型进行了计算。然而，他们并没有针对不进行隔热的贮存方式给出结果，只是考虑到零蒸发量的问题。

总的来说，进行多层隔热材料包覆的氢贮箱在真空环境下获得的热量取决于周围环境温度和MLI的层数。现有的研究中对于漏热量和蒸发量有着不同的估算方法，但是对于蒸发量的描述很难达到精确定量的结果。对于一个在室温环境下包覆40～50层隔热单元的贮箱，漏热率的大小一般在0.4～0.9 W/m^2的范围内，换算成蒸发量大约是每个月为4%～9%。通过对热包覆的加厚可以减少蒸发量，但是热渗透会依然存在。

F.2.3　火星液氢贮箱的蒸发率

火星表面的大气压力范围在4～8 torr内。在这个压力环境下，MLI的效果相比在真空环境下会大打折扣。Augustynowicz和Fesmire（1999）以及Augustynowicz，Fesmire和Wikstrom（1999）文献中针对不同类型填充材料的性能给出了计算数据，如图F-2所示。值得注意的是，所有的填充材料在低气压的环境下都表现得很好（低导热系数k）。图中的数据形式是等效热传导系数（需要和温度梯度相乘）并除以厚度得到的单位面积的热流量。在火星压力环境下（4～8 torr），使用泡沫材料（厚度0.40 m）或最好的气凝胶（厚度0.32 m）的情况下，k的值为0.012或0.005 W/（m·K）。火星的平均温度差为200 K，每单位面积的热流为$k\times200$/（厚度）。对于泡沫材料和气凝胶材料，漏热率分别为6.0 W/m^2和3.1 W/m^2，对应的蒸发量为每月61%和每月32%。此外，较大的贮箱使用气凝胶的灵活性并不清楚。

F.2.4　封闭系统对蒸发量的影响

这一节的内容主要是基于米勒，威廉斯和巴提（Mueller，Williams and Batty，1994）的工作。对于液态贮箱：向液氢贮箱的漏热会导致工质蒸发从而引起压力升高（假设液态工质和气态工质的温度控制在一定的温度下)。为了维持饱和状态条件，贮箱内的工质的温度（液态和气态）也会升高。研究表明：如果工质能量吸收能力比较强大，贮箱内的压力在工质含量较大的情况下将提升比较缓慢。对于体积为 10 m^3 的贮箱体积和 1 个大气压下（101.3 MPa 或 14.7 psia）漏热为 10 W 的工况来说，不同的初始液态工质占比对应的不同的压力提升情况如图 F-3 所示。需要注意的是，米勒，威廉斯和巴提采用的贮箱的表面积为 22.4 m^2，那么漏热率应当为 0.45 W/m^2。结果表明，在贮箱初始装满工质的情况下，随着贮箱能量的提升，液态工质的占比要么提高至充满贮箱，要么降低至贮箱充满蒸汽（不进行泄出的情况下）。值得注意的是，当工质占比高、压力升高的速率较小时，一旦贮箱充满液态工质后，贮箱的压力就会急剧升高从而导致故障。另一个重要的现象是，对于贮箱的最大设计压力来说，在任务的最后阶段往往需要对残余工质进行泄出。如果在贮箱内有着很明显的温度梯度的话，那么压力的上升也会急剧。航天飞机的设计经验表明，对于使用液氢作为工质的半人

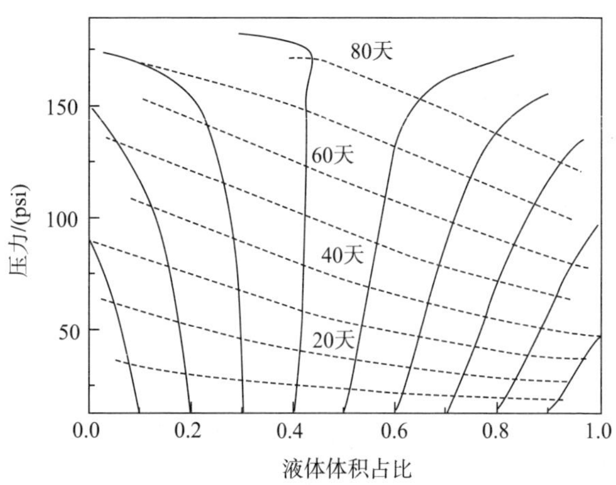

图 F-3 压力提升与液体体积的占比和任务时间的关系。初始工质占比大于 0.5，最终贮箱充满液态工质的情况和初始工质占比小于 0.5，最终气态工质充满贮箱

马座上面级来说，需要使用集成性比较高而且质量较轻的混合器。由这些混合器带来压力控制的好处远远大于采用混合器而需付出的质量和功率的代价，因此对于任何使用液氢作为工质的上面级来说，几乎都必然采用这类混合器。

F.2.5　零蒸发量概念研究

对于一个较大的液氢贮箱，安装一个主动冷却系统，将渗透进贮箱的所有热量进行排散的技术称为零蒸发量（ZBO）控制技术。ZBO 技术除了对大型贮箱有要求之外，还需要一个制冷系统、一个控制器、热排散装置和一个能源系统。这个系统的复杂程度要比使用被动热控方案的贮箱复杂得多。此外，针对空间中液氢的漏率来说，主动热控技术相对来说还是比较乐观的。基特尔和普拉赫塔等人，在 1999 年、1998 年、2003 年发表的文献中对火星运输低温推进剂和 LEO 在轨贮存的问题开展了相关研究。潘扎雷拉（Panzarella）和 Kassemi（2003）对 ZBO 系统建立了计算模型。对于是否适合采用 ZBO 技术的问题，主要与贮箱的大小以及制冷系统、辐射器、控制器和能源系统的需求有关。普拉赫塔和基特尔（Plachta and Kittel，2003）的研究中进行了对比分析，他们针对 ZBO 系统中的贮箱、热控填充材料、制冷机、太阳电池板和辐射器的质量进行了评估。研究结果表明：在轨贮存的时间越长，所需的 ZBO 的质量越小。对于氢来说，2 m 直径贮箱进行 LEO 轨道 90 天在轨贮存的系统质量、3.5 m 直径贮箱进行 LEO 轨道 60 天在轨贮存的系统质量以及 5 m 直径贮箱进行 LEO 轨道 50 天在轨贮存的质量均相同。根据前面的论述，直径 3.3 m 的氢贮箱在满载情况下的质量约为 1 525 kg，研究中在使用 ZBO 的情况下多出 175 kg 的设备质量，因此 ZBO 贮箱系统的总质量约为 1 700 kg。在初始阶段，不使用 ZBO 时，系统总质量为1 525 kg，使用 ZBO 进行 62 天的贮存时增大到 1 700 kg，而在 270 天的贮存周期内将增大到 2 210 kg。这样看来，基于估算出的0.5 W/m^2 的漏热率来说，针对于长期贮存任务，

ZBO 技术还是具有很明显的优势。普拉赫塔和基特尔（Plachta and Kittel，2003）的研究中，估算氢在总质量的占比约为 1 250/1 700＝73.5%。计算中用到的贮箱的表面积为 34.2 m^2，因此漏热约为 17 W。根据格恩齐等人（Guernsey，et al.，2005）的文献，在20 K 的温度环境下，将 1 W 的热量从贮箱中排散大约需要 500 W 的电能。如果使用 ZBO 技术，那么能源需求将达到 8.5 kW。普拉赫塔和基特尔估算这部分额外质量是175 kg，而且取决于能源的产生方式。如果使用核能，那么这部分质量会相当的大。此外，如果我们使用比 0.5 W/m^2的漏热率更高的数据进行估算，那么能源系统质量的增大多少将会有很大的不确定性。哈伯布施，施托赫尔和库列尔（Haberbusch，Stochl and Culler，2004）对低温推进剂 1～10 年的长期在轨贮存问题进行了研究。他们针对一个具有被动隔热系统和主动制冷系统的球形贮箱进行了分析，研究了贮箱尺寸、液态工质贮存温度、主动制冷防热板的数量、填充材料的厚度对系统的总质量、输入功率以及体积的影响。氢的温度为 21 K、损耗量为 2%。他们考虑使用两个制冷机对贮箱进行制冷，内部防热板控制到 16 K 或21 K，外部防热板控制到 80K，贮箱的外表面温度控制在 294 K。文献对 3 种案例进行了分析：1）没有外部防热板的情况下，对 250 kg 或 4 000 kg 的液氢进行贮存；2）80 K 的外部防热板的情况下，对 250 kg 的液氢进行贮存；3）80 K 的外部防热板的情况下，对 4 000 kg 的液氢进行贮存。研究中对于 MLI 因子和导热系数的定义和计算方法与前述中一致，MLI 降级因子为 1.74，而导热系数为 0.14。MLI 因子与厚度和焊缝之间的关系具有强耦合性，却与温度无关。他们的研究表明对内部防热板进行制冷有很大的好处，而对内部和外部防热板进行同时制冷将会更加有利。内部防热板被制冷到 16 K 或 21 K，外部防热板被制冷到 80 K。在每一个计算模型中，虽然他们并没有明确热载荷的来源，针对 ZBO 系统中的能源和质量需求也进行了分析。哈伯布施，施托赫尔和库列尔（2004）的研究中发现，当仅仅对内部防热板进行制冷时，能源和质量需求是非常大的，但随着防热层厚度的增加，这些需求显著减小。对于一个能够满载4 000 kg氢的贮箱（直径3 m，长9 m），使用100层MLI作为隔热层，整个系统的干质量为2 000 kg，能源需求为10 kW，体积需求为60 m^3（比57 m^3氢的体积只是高出一点）。贮箱的表面积为86 m^2。根据格恩齐等人（2005）的研究结果，将1 W的热量从贮箱排散需要使用500 W的能源需求，显然可以估计贮箱的渗透漏热量为10 000/500＝20 W，或者说是0.23 W/m^2。格恩齐等人的模型（对漏热和导热留有80%的余量）推算出100层MLI的漏热率为0.36 W/m^2。如果只使用内部防护板制冷，氢在总质量中的占比约为4 000/6 000＝67%。如果同时使用内部和外部制冷，对于4 000 kg贮箱来说，贮存系统外部将减少75层MLI的质量，而内部的防护层会相应加厚。内部的防护层约为150层，而外部为75层，估算出的总质量为1 750 kg，能源需求为2 kW，总体积为64 m^3，那么氢在总质量的占比为4 000/5 750＝70%。如果上述方案可行，计算得到的数据还是很有吸引力的。

F.3 在降低温度条件下进行致密气态贮存

制冷机在80～120 K的温度中，对漏热进行排散的需求要远远小于20～30 K，因此可以考虑在这个温度范围内进行氢的贮存。图F-4给出了在不同温度条件下不同气态氢的密度与压力的关系。在不同的压力和温度条件下，临界状态的氢的密度与液态时的相同。比如，在90 K和5 000 psi的条件下，或者是120 K和7 000 psi的条件下，氢的密度与它在100 psi条件下的密度一致。将氢气在其临界压力下进行贮存是有很多好处的，比如不再需要液态氢的分离，对其进行压缩的话也不再需要泵或压缩机。然而，这样一个贮箱的质量应该主要取决于操作压力，如前面所述，在这些压力条件下，氢的含量约为5%～7%。如此便不值得用这种设计方案将氢送往月球或火星。

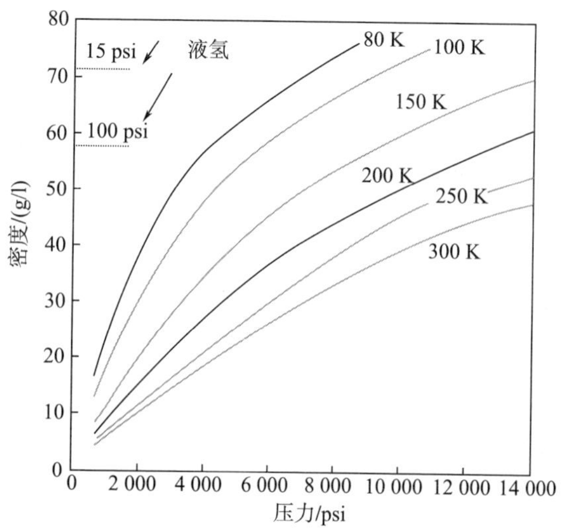

图 F-4 不同温度条件下不同气态氢的密度与压力的关系

F.4 在固态条件下进行氢贮存

固态氢的贮存面临几个主要的问题：1）在高压力和高流量的条件下，很难向使用者供给足够的氢进行使用；2）满载状态时内部金属泡沫材料的质量损失；3）地面加载系统的额外复杂性。以蒸发气体的形式向使用者输送氢是一件很困难的事情，在这个过程中需要使用到一个热源对固态氢进行加热，但是气态氢必须源源不断地持续产生，从而使得贮箱内的压力低于三相点的压力（7.0 kPa＝0.07 bar ＝1.0 psi）并阻止固态氢的融化。同时还需要一个压缩机（很有可能是真空泵），压缩机的入口（用于抽吸）压力低于 1.0 psi 的三相点压力。使用这个压缩机向使用者或者是蓄氢池中输送氢，始终会存在流率和增压比的需求，同时还要考虑在这个过程中工质的泄漏等问题。如果不管能源问题对固态氢进行贮存的话，还需要将固态氢的贮箱存放在适当的环境中。泡沫铝材料的密度约为铝块密度的 2%，即 56 kg/m^3。由于固态氢的密度为 86.6 kg/m^3，铝泡沫材料的加入会显著增大贮箱的体积。地面支持系统的复杂程度和将氢在大型贮箱中进行固化的代价都是不可预估的。填充固体氢的方法可能涉及液氦在液氢周围的循环，即填充内部容器以冷冻氢，这是一种非常昂贵的方法。事实上，氢贮箱的压力只需到 1 psi 将引起关于贮箱结构稳定性和空气吸入到贮箱的担忧。

F.5　以固液的形式对氢进行贮存

与液态氢相比，在三相点压力条件（7.042 kPa＝1.02 psia）使用固液状态的氢（SLH）带来好处的同时也有不好的地方。氢量 50％的固态部分比沸点状态下液态氢多出 15％的密度值和 18％的热容值。密度的增大说明需要的贮箱尺寸能够减小，热容的减小说明由漏热产生的泄出量也同时减少。SLH 还有一个好处是固态部分能够在没有氢流失的情况下将渗透的漏热进行吸收。在贮存期间，漏热会导致一部分的固态氢融化，从而减少固态部分的占比（蒸汽的压缩和三相点压力的维持）。然而，在 1 psi 的压力下并不清楚如何将蒸汽进行压缩。带有焦耳-汤姆森膨胀装置的力学通气系统有可能会被氢的固态碎渣堵塞。蒸汽提取的问题有可能解决，但是在低气压环境下（三相点气压），针对压气机的设计提出一个如上述固态氢相同的问题。另外，在地面进行操作时，由于热量进入固态氢后会带来体积的增大，因此整个操作变得更为复杂。由于热量进入到 SLH 后，固态氢会融化一部分，从而使得整个 SLH 的体积增大。如果不进行检查，那么 SLH 的体积将会持续增大，直到超出贮箱的体积而从阀门泄出。如果 SLH 全部融化，那么它需要占有与同质量的液态氢相同的体积。如果为了消除这个顾虑而将贮箱做大，那么相当于抵消了前述中 SLH 在密度和体积上的优势。这样的话，对 SLH 需要进行一个持续的环境控制，从而消除渗透进去的漏热。美国国家航天飞机计划（NASP）中考虑了上述的这个问题，但是在发射场建造固液处理基础设施的费用会非常昂贵。根据哈迪（Hardy）和惠伦（Whalen）（1992）文献中所述：

“生产高密度的氢本身并不是一个难的事情。SLH 的不同生产方法在实验室的条件下均已经能够实现，通过泵来减小压力和温度，从而使得高密度的氢到达三相点也很容易就能够实现。SLH 的获取方法包括诸如‘冰冻—融化’的蒸发冷却等过程。SLH 带来的主要问题是大规模的生产、生产方式、安全性、能源利用效率以及代价等”

F.6 在三相点对氢进行贮存

在 1.02 psi 压力和 13.8 K 温度下，与沸点状态下的液氢相比，三相点的液态氢（TPH）的密度增大 8%，热容增加 12%。虽然这些优势看起来并不是很明显，但是 TPH 并不存在固态碎片堵塞的问题，因此仍然是未来飞行器的一个选择。

F.7 用吸附剂对氢进行吸附贮存

气体吸附剂主要是利用物理或化学的吸附原理对气体进行吸附。化学吸附相比物理吸附的优点是吸附力更强，利用这种强吸附力可以得到高密度的工质。然而，对于氢来说，很难找到这种合适的化学吸附剂。可分离的氢化物合金曾经被考虑用到这个方法中，但是对于商业贮存系统来说，它的质量和成本过高。物理吸附的好处是吸附剂可以用于不同种类的气体，尤其是氢。在任何可想到的应用中，这些方法所面临的主要问题都是过大的质量和过大的体积密度。经过精细研磨的碳粉（有活性的）被认为可以用来吸附和释放各种气体。由于物理吸附能（ε）比较弱，氢的物理吸附过程适合在一个低温的环境下进行。由于吸附能的衡量标准可以表达为 ε/kT，在室温条件下，为了使得碳吸附剂具有更好的吸附作用，吸附能需要达到 200 meV，这样的话就对碳吸附剂的微观结构形式提出了要求。

在碳纳米管材料被发现的近十年里，一度被认为是纳米材料领域的一个焦点。科学家认为这些分子尺度的石墨管在不同的领域内都有很强大的潜在应用，其中有一个潜在的应用就是利用碳纳米管进行氢的贮存。当碳纳米管首次被发现时，由于其具有轻质量和小而整齐的柱状微孔结构，引起了人们极大的兴趣。在适当的条件下，碳纳米管没有理由不吸附氢分子进入纳米管的通道空间里。但主要的问题是：纳米管是否能够在适当的条件下对吸附的氢分子进行释放？早些年前，帕克，贝克和罗德里格斯（Park，Baker and Rodriguez，1998）在美国东北大学的报告中确定了在室温下石墨碳纳米管能够吸附质量分数为50%的氢。这个结果是难以置信的，因为甲烷中氢的含量也仅为25%，很难相信碳纳米管能够获取比甲烷中含量还要高的氢，在其他实验室的这项实验也是以失败告终。一年后，新加坡国立大学物理系的 Jiang yi Lin（1999）的报告中，利用甲烷作为催化分解剂的碱金属掺杂纳米管成功实现对氢的吸附。在 380 ℃的温度环境下，锂掺杂纳米管对氢的吸附量为20%，在室温环境下，钾掺杂的纳米管对氢的吸附量为14%。之后，其他实验室发表了对这项数据的质疑，并把它们归因于水杂质的存在。随着实验技术（Chen et al.，2002）的不断发展，现在看来，美国东北大学和新加坡大学的这些工作都是有偏离的。对纳米管能够贮存氢的夸大言论的时代已经成了过去，但是这种材料究竟可以吸附多少氢仍然是一个未知数。这个问题的答案取决于要问谁。目前来说，最乐观的估计是在室温和中等气压环境下，这种材料能够吸附8%的氢。还有一些研究声称，这种材料在77K也就是液氮的温度条件下，只能吸附6%的氢。在室温下，碳纳米管只能捕获很少量的氢。

F.8　利用金属氢化物进行氢的贮存

这一部分的内容一部分是基于科洛扎（Colozza，2002）的研究。金属氢化物是吸附氢的金属阵列。在对氢吸附的同时还能够对氢进行释放，因此这种物质可以作为一种吸附媒介。对氢的释放主要取决于金属氢化物的温度。这种物质对氢的吸附量可以达到自身质量的1％～2％，而且金属氢化物的贮箱针对氢的吸附和释放过程可以进行循环使用。吸附氢的限制是贮箱内的杂质积聚率，这些吸附氢后沉积在贮箱内的杂质会减小贮箱的容积。金属氢化物在地球上具有很实际的应用效果，但是由于其吸附氢的质量百分比较低，这种方法在氢的空间运输上应用不太可行。

参考文献

[1] Anonymous (1991) "Earth to lunar CELSS evolution," Proceedings of the NASA/USRA Advanced Design Program 7th Summer Conference, University of Colorado, pp. 123 - 132 (http://ntrs.nasa.gov/archive/nasa/casi.ntrs.nasa.gov/19930020538_1993020538.pdf).

[2] Anonymous (2005) Exploration Systems Architecture Study (ESAS), NASA - TM - 2005 - 214062, NASA, Washington, D.C. (http://www.sti.nasa.gov).

[3] Anonymous (2005A) Constellation Architecture Requirements Document (draft), November 18, 2005.

[4] Anonymous (2006) Project Constellation presentation on Mars mission architectures, attributed to D. Cooke, NASA deputy associate administrator for exploration.

[5] Ash, R. L., W. L. Dowler, and G. Varsi (1978) "Feasibility of rocket propellant production on Mars," Acta Astronautica, 5, 705 - 724.

[6] Augustynowicz, S. D. and J. E. Fesmire (1999) Cryogenic Insulation System for Soft Vacuums, Montreal (archive.org/details/nasa_techdoc_19990062736).

[7] Augustynowicz, S. D., J. E. Fesmire, and J. P. Wikstrom (1999) "Cryogenic insulation systems," 20th International Refrigeration Congress, Sydney.

[8] Barlow, N. G. and T. L. Bradley (1990) "Martian impact craters: Dependence of ejecta and interior morphologies on diameter, latitude, and terrain," Icarus, 87, 156 - 179.

[9] Bell, J. (2005) "The cold equations of spaceflight" (http://www.spacedaily.com/news/oped-05zy.html).

[10] Bidrawn, F., S. Lee, J. M. Vohs, and R. J. Gorte (2008) "The effect

of Ca, Sr, and Ba doping on the ionic conductivity and cathode performance of LaFeO3," Journal of the Electrochemical Society, 155, 8660 - 8665.

[11] Braun, R. D. and R. M. Manning, "Mars Exploration entry, descent and landing challenges," 2006 IEEE Aerospace Conference, IEEEAC paperd0076, Big Sky, T.

[12] Brooks, K. P., S. D. Rassat, and W. E. TeGrotenhuis (2005) Development of a Microchannel ISPP System, PNNL - 15456, September, 2005.

[13] Bruckner, A. P., M. R. Grover, M. O. Hilstad, L. M. Elias, K. G. Carpenter, M. A. Schneider, C. S. Hoffman, and S. Adan - Plaz (2008) "Extraction of atmospheric water on Mars in support of the Mars Reference Mission" (http://www.marspapers.org/papers/MAR98062.pdf).

[14] Chamberlain, M. A. and W. V. Boynton (2004) "Modeling depth to ground ice on Mars," Lunar and Planetary Science, XXXV.

[15] Chen, Ping, Zhitao Xiong, Jizhong Luo, Jianyi Lin and Kuang Lee Tan (2002) "Interaction of hydrogen with metal nitrides and imides," Nature, 420, 302 - 304.

[16] Christian, J. A., G. Wells, J. Lafleur, K. Manyapu, A. Verges, C. Lewis, and R. D. Braun (2006) "Sizing of an entry, descent, and landing system for human Mars exploration," AIAA Space 2006 Conference, September 2006, San Jose, CA, AIAA 2006 - 7427, Georgia Institute of Technology/American Institute of Aeronautics and Astronautics, Washington, D. C..

[17] Clark, D. L. (1997) In - Situ Propellant Production On Mars: A Sabatier/Electrolysis Demonstration Plant, AIAA 97 - 2764, American Institute of Aeronautics and Astronautics, Washington, D. C..

[18] Clark, D. L. (1998) Progress Reports to JPL on Sorption Compressor; D. Rapp JPL Contract Manager.

[19] Clark, D. L. (2003) "Test results", LMA memo to J. Badger, JSC, October 8.

[20] Clark, D. L. and K. Payne (2000) Evaluation of Mars CO_2 Acquisition Using CO_2 Solidification, Report to NASA on Contracts IWTA d7IDO362ETAC9HECEP1A5 and IWTAd7IDO362ETAC0HECEP1A5, May 30, 2000.

[21] Clark, D. L., K. S. Payne, and J. R. Trevathan (1996) In Situ Propellant Production Demonstration, Final Report MCR-95-561, JPL Contract 960247, Lockheed Martin Astronautics, Boulder, CO.

[22] Clark, D. L., K. S. Payne, and J. R. Trevathan (2001) Carbon Dioxide Collection and Purification System for Mars, AIAA 2001-4660, American Institute of Aeronautics and Astronautics, Washington, D. C..

[23] Colozza, A. J. (2002) Hydrogen Storage for Aircraft Applications Overview, NASA/CR2002-211867, NASA, Washington, D. C..

[24] Coons, S., J. Williams, and A. Bruckner, (1997) Feasibility Study of Water Vapor Adsorption on Mars for In-Situ Resource Utilization, AIAA 97-2765, American Institute of Aeronautics and Astronautics, Washington, D. C.

[25] Coons, S., R. Curtis, C. McLain, J. Williams, R. Warwick, and A. Bruckner (1995) ISPP Strategies and Applications for a Low Cost Mars Sample Return Mission, AIAA 95-2796, American Institute of Aeronautics and Astronautics, Washington, D. C.

[26] Crow, S. C. (1997) The MOXCE Project: New Cells for Producing Oxygen on Mars, AIAA 97-2766, American Institute of Aeronautics and Astronautics, Washington, D. C.

[27] Crow, S. C. and K. Ramohalli (1996) "Theoretical analysis of zirconia cell performance," personal communication.

[28] DRM-1 (1997) Human Exploration of Mars: The Reference Mission of the NASA Mars Exploration Study Team, edited by S. J. Hoffman, and D. I. Kaplan, NASA Special Publication 6107, Lyndon B. Johnson Space Center, Houston, TX.

[29] DRM-3 (1998) Reference Mission Version 3.0 Addendum to the Human Exploration of Mars: The Reference Mission of the NASA Mars Exploration Study Team, edited by B. G. Drake, NASA/SP-06107-

ADD, Lyndon B. Johnson Space Center, Houston, TX, June 1998.

[30] DRM - 5 (2009) Design Reference Architecture Version 5. 0, edited by B. G. Drake, Lyndon B. Johnson Space Center, Houston, TX.

[31] Ebbesen, S. D. and M. Mogensen (2009) "Electrolysis of carbon dioxide in solid oxide electrolysis cells," Journal of Power Sources, 193, 349 - 358.

[32] Eckart, P. (1996) Parametric Model for a Lunar Base for Mass and Cost Estimates, Herbert Utz Verlag, Wissenschaft (http://ntrs.larc.nasa.gov/search.jsp? N = 4294932186 + 4294504246&Nn = 4294967061 | Document + Type | Technical + Report | | 4294965276 | Subject+Terms | CLOSED+ECOLOGICAL+SYSTEMS).

[33] Finn, J. E., C. P. McKay, and K. R. Sridhar (1996) "Martian atmospheric utilization by temperature - swing adsorption," 26th SAE International Conference on Environmental Systems, Monterey, CA, July 8 - 11.

[34] Friedlander, A., R. Zubrin, and T. L. Hardy, Benefits of Slush Hydrogen for Space Missions, NASA TM 104503, NASA, Washington, D. C.

[35] Gueret, C., M. Daroux, and F. Billaud (1997) "Methane pyrolysis: Thermodynamics," Chem. Eng. Sci., 52, 815.

[36] Guernsey, C. S., R. S. Baker, D. Plachta, P. Kittel, R. J. Christie, and J. Jurns (2005) Cryogenic Propulsion with Zero Boil - off Storage Applied to Outer Planetary Exploration, Final Report (JPL D - 31783), NASA Jet Propulsion Laboratory, Pasadena, CA.

[37] Haberbusch, M. S., R. J. Stochl, and A. J. Culler (2004) "Thermally optimized zero boil - off densified cryogen storage system for space," Cryogenics, 44, 485 - 491.

[38] Hardy, T. L. and M. V. Whalen (1992) "Technology issues associated with using densified hydrogen for space vehicles," 28th Joint Propulsion Conference, Nashville, TN, July, NASA TM 105642, AIAA 92 - 3079, AIAA/SAE/ASME/ASEE.

[39] Holladay, J. D., K. P. Brooks, R. Wegeng, J. Hua, J. Sanders, and

S. Baird (2007) "Microreactor development for Martian in situ propellant production," Catalysis Today, 120, 35 - 44.

[40] Jakosky, B. M. , M. T. Mellon, E. S. Varnes, W. C. Feldman, W. V. Boynton, and R. M. Haberle (2005) "Mars low - latitude neutron distribution: Possible remnant near - surface water ice and a mechanism for its recent emplacement," Icarus, 175, 58 - 67; Erratum: Icarus, 178, 291 - 293.

[41] Kikuchi, E. and Y. Chen (1997) "Low temperature syngas formation by CO_2 reforming of methane in a hydrogen - permselective membrane reactor," Natural Gas Conversion IV Studies in Surface Science and Catalysis, 107, 547 - 553.

[42] Kim - Lohsoontorn, P. and J. Bae (2011) "Electrochemical performance of solid oxide electrolysis cell electrodes under high - temperature coelectrolysis of steam and carbon dioxide," Journal of Power Sources, 196, 7161 - 7168.

[43] Kittel, P. and D. Plachta (1999) "Propellant preservation for Mars missions," Advances in Cryogenic Engineering, 45, presented at the Cryogenic Engineering Conference, Montreal, Canada, July 12 - 16.

[44] Kittel, P. , L. Salerno, and D. Plachta (1998) "Cryocoolers for human and robotic missions to Mars," Cryocoolers, 10, presented at the 10th International Cryocooler Conference, Monterey, CA, May.

[45] Larson, W. E. (2011) "NASA' s ISRU project status for FY2012 and beyond" (http: //ntrs. larc. nasa. gov/search. jsp? N = 4294932186 + 4294504246&Nn=4294967061 | Document+Type | Technical+Report | | 4294965276 | Subject + Terms | CLOSED + ECOLOGICAL + SYSTEMS).

[46] Larson, W. E. and G. B. Sanders (2010) "The In - Situ Resource Utilization Project: Under the New Exploration Enterprise" (http: // ntrs. larc. nasa. gov/search. jsp? N = 4294932186 + 4294504246&Nn = 4294967061 | Document + Type | Technical + Report | | 4294965276 | Subject+Terms | CLOSED+ECOLOGICAL+SYSTEMS).

[47] Larson, W. E. , G. B. Sanders, and K. R. Sacksteder (2010)

"NASA's In - Situ Resource Utilization Project: Current accomplishments and exciting future plans" (http://ntrs. larc. nasa. gov/search. jsp? N= 4294932186 + 4294504246&Nn = 4294967061 | Document + Type | Technical+ Report | | 4294965276 | Subject + Terms | CLOSED + ECOLOGICAL+ SYSTEMS).

[48] Makri, M., Y. Jiang, I. V. Yentekakis, and C. G. Vayenas (1996) "Oxidative coupling of methane to ethylene with 85% yield in a gas recycle electrocatalytic or catalytic reactorseparator," 11th International Congress on Catalysis—40th Anniversary, Studies in Surface Science and Catalysis, Vol. 101, Part A, Elsevier, Amsterdam, pp. 387 - 396.

[49] Mark, M. F. and W. F. Maier (1996) "CO_2 reforming of methane on supported Rh and Ircatalysts," Journal of Catalysis, 164, 122 - 140.

[50] McKay, M., D. McKay, and M. Duke (1992) Space Resources: Materials, NASA Report SP - 509, Vol. 3, NASA, Washington, D. C.

[51] Mellon, M. T. and B. M. Jakosky (1995) "The distribution and behavior of Martian ground ice during past and present epochs," J. Geophys. Res., 100, 11781 - 11799.

[52] Meyer, P. J. (1996) "A theoretical analysis of the performance of solid electrolyte cells foroxygen production from carbon sioxide," M. Sc. thesis, under the tutelage of Professor K. Ramohalli, University of Arizona.

[53] Mueller, P. J., B. G. Williams, and J. C. Batty (1994) "Long - term hydrogen storage anddelivery for low - thrust space propulsion systems," 30th ASME, SAE, and ASEE JointPropulsion Conference and Exhibition, Indianapolis, IN, June 27 - 29, AIAA - 1994 - 3025, American Institute of Aeronautics and Astronautics, Washington, D. C..

[54] Noyes, G. P. (1988) "Carbon dioxide reduction processes for spacecraft ECLSS: A comprehensive review," 18th Intersociety Conference on Environmental Systems, San Francisco, July 11 - 13, SAE Technical Paper 881042 (http://www. papers. sae. org/). Noyes, G. P. and R. J. Cusick (1986) An Advanced Carbon Reactor for Carbon Dioxide Reduction, SAE Technical Paper 860995 (http://www. papers. sae. org/).

[55] Panzarella, C. H. and M. Kassemi (2003) "Simulations of zero boil - off in a cryogenic storage tank," 41st Aerospace Sciences Meeting and Exhibition, January 6 - 9, 2003, Reno, NV, AIAA 2003 - 1159, American Institute of Aeronautics and Astronautics, Washington, D. C..
Park, A. C., T. K. Baker, and N. M. Rodriguez (1998) "Hydrogen storage in graphitenanofibers," Journal of Physical Chemistry B, 102, 4253 - 4256.

[56] Plachta, D. and P. Kittel (2003) An Updated Zero Boil - Off Cryogenic Propellant StorageAnalysis Applied to Upper Stages or Depots in an LEO Environment, NASA/TM2003 - 211691, AIAA - 2002 - 3589, NASA/American Institute of Aeronautics and Astronautics, Washington, D. C.

[57] Ponelis, A. A. and P. G. S. van Zyl (1997) "CO_2 reforming in methane with a membrane reactor," Natural Gas Conversion, IV: Studies in Surface Science and Catalysis, 107, 555 - 560.

[58] Ramohalli, K. N. R. (1991) "Technologies of ISRU/ISMU," 42nd Congress of the International Astronautical Federation, Montreal, Canada, October, IAF - 91 - 659 (http://www.iafastro.com/index.html? title=Main Page).

[59] Rapp, D. (2005) "Transporting hydrogen to the Moon or Mars and storing it there," informal report (http://www.spaceclimate.net).

[60] Rapp, D. (2006) "Mars life support systems," Mars Journal, 2006 (http://marsjournal.org/contents/2006/0005/files/rapp_mars_2006_0005.pdf).

[61] Rapp, D. (2007) Human Missions to Mars, Springer/Praxis, Heidelberg, Germany/Chichester, U. K.

[62] Rapp, D., P. Karlmann, D. L. Clark, and C. M. Carr (1997) Adsorption Pump for Acquisitionand Compression of Atmospheric CO_2 on Mars, AIAA 97 - 2763, American Institute of Aeronautics and Astronautics, Washington, D. C.

[63] Rapp, D., G. Voecks, P. Sharma, and N. Rohatgi (1998) Methane Reforming for Mars Applications, JPL Report D - 15560, March 30, 1998, NASA Jet Propulsion Laboratory, Pasadena, CA; also presented

at 33rd IECEC, 1998.

[64] Richter, R. (1981) "Basic investigation into the production of oxygen in a solid electrolyte," AIAA 16th Thermophysics Conf., June 23 – 25, 1981, Palo Alto, CA, AIAA – 81 – 1175, American Institute of Aeronautics and Astronautics, Washington, D. C.

[65] Sacksteder, K. R. and G. B. Sanders (2007) In – Situ Resource Utilization for Lunar and Mars Exploration, AIAA 2007 – 345, American Institute of Aeronautics and Astronautics, Washington, D. C.

[66] Sanders, G. B. (2005) "In – situ resource utilization (ISRU) capabilities and roadmapping activities," LEAG/SRR Meeting, South Shore Harbor, League City, TX, October 26.

[67] Sanders, G. B. and W. E. Larson (2011) Progress Made in Lunar In – Situ Resource Utilization under NASA' s Exploration Technology and Development Program, NASA Technical Report, NASA, Washington, D. C.

[68] Sanders, G. B., W. E. Larson, and M. Picard (2011) "Development and demonstration of sustainable surface infrastructure for Moon/Mars missions," 62nd International Astronautical Congress, Cape Town, South Africa, October 5.

[69] Sanders, G. B., T. Simon, W. E. Larson, E. Santiago – Maldonado, K. Sacksteder, D. Linne, J. Caruso, and R. Easter (2007) "ISRU at a lunar outpost: Implementation and opportunities for partnerships and commercial development" (http://ntrs.larc.nasa.gov/search.jsp? N=4294932186 + 4294504246&Nn = 4294967061 | Document + TypeTechnical+Report | | 4294965276 | Subject+Terms | CLOSED+ECOLOGICAL+SYSTEMS).

[70] Sanders, J. (2012) "Mars ISRU: Update from 2004 Mars Human Precursor SSG Study" (http://ntrs.larc.nasa.gov/search.jsp? N=4294932186 + 4294504246&Nn = 4294967061 | Document + Type | Technical + Report | | 4294965276 | Subject + Terms | CLOSED + ECOLOGICAL+SYSTEMS).

[71] Sanders, J. and M. Duke (Eds.) (2005) ISRU Capability Roadmap Team Final Report, NASA informal report, NASA, Washington, D. C.

[72] Schwarz, M. (1996) "Thermal analysis of a solid oxide electrolysis system for oxygen production on Mars," M. Sc. thesis, under the tutelage of Professor K. Ramohalli, University of Arizona.

[73] Sedlak, J. M., J. F. Austin, and A. B. LaConti, (1981) "Hydrogen recovery and purification using the solid polymer electrolyte electrolysis cell," Int. J. Hydrogen Energy, 6, 45-51.

[74] Sridhar, K. R. (1995) Personal communication to D. Rapp, November 6.

[75] Sridhar, K. R. and S. A. Miller (1994) "Solid oxide electrolysis technology for ISRU and life support," Space Technology, 14, 339-346.

[76] Sridhar, K. R. and B. T. Vaniman (1995) "Oxygen production on Mars using solid oxide electrolysis," 25th International Conference on Environmental Systems, San Diego, CA, July10-13, Paper 951737.

[77] Stancati, M. L., J. C. Niehoff, W. C. Wells, and R. L. Ash (1979) Remote Automated Propellant Production: A New Potential for Round Trip Spacecraft, AIAA 79-0906, American Institute of Aeronautics and Astronautics, Washington, D. C.

[78] Stewart, S. T., T. J. Ahrens, and J. D. O' Keefe (2004) "Impact-induced melting of near-surface water ice on Mars," in M. D. Furnish, Y. M. Gupta, and J. W. Forbes (Eds.), 13th APS Topical Conference on Shock-Compression of Condensed Matter—2003, American Institute of Physics, New York, pp. 1484-1487.

[79] Suitor, J. (1990) Patent 5186806: "Ceramic distribution members for solid state electrolyte cells and method of producing." Suitor, J. W., D. J. Clark, and R. W. Losey, (1990) Development of Alternative Oxygen Production Source Using a Zirconia Solid Electrolyte Membrane, JPL Publication D-7790, Jet Propulsion Laboratory, Pasadena, CA, August, 1990.

[80] Tao, G., K. R. Sridhar, and C. L. Chan (2004) "Electrolysis of carbon dioxide in solid oxide electrolysis cells," Solid State Ionics, 175, 621-624.

[81] Taylor, L. A. and T. T. Meek (2005) "Microwave sintering of lunar

soil: Properties, theory, and practice," Journal of Aerospace Engineering, 18, 188 - 196.

[82] van Keulen, A. N. J., M. E. S. Hegarty, J. R. H. Ross, and P. F. Van den Oosterkamp (1997) "The development of platinum - YSZ catalysts for the CO_2 reforming of methane," Natural Gas Conversion, IV: Studies on Surface Science and Catalysis, 107, 537 - 546.

[83] Wells, G., J. Lafleur, A. Verges, K. Manyapu, J. Christian, C. Lewis, and R. Braun (2006) "Entry, descent and landing challenges of human Mars exploration," 29th AAS Guidance and Control Conference February 2006, Breckenridge, CO, AAS 06 - 072, American Astronomical Society, Pasadena, CA (www.ssdl.qatech.edu/papers/conferencePapers/AIAA - 2006 - 7427.pdf)..

[84] Williams, J., S. Coons, and A. Bruckner (1995) "Design of a water vapor adsorption reactor for Martian in - situ resource utilization," Journal of the British Interplanetary Society, 48, 347 - 354.

[85] Zubrin, R. (1999) Entering Space, Jeremy P. Tarcher/Putnam, New York.

[86] Zubrin, R. M., D. A. Baker, and O. Gwynne (1991) Mars Direct: A Simple, Robust, and Cost Effective Architecture for the Space Exploration Initiative, AIAA - 91 - 0328, American Institute of Aeronautics and Astronautics, Washington, D. C.

[87] Zubrin, R., M. B. Clapp, and T. Meyer (1997) New Approaches for Mars ISRU Based on the Reverse Water Gas Shift, AIAA - 97 - 0895, American Institute of Aeronautics and Astronautics, Washington, D. C.

[88] Zubrin, R., B. Frankie, and T. Kito (1997) "Mars in - situ resource utilization based on the reverse water gas shift," 33rd AIAA/ASME Joint Propulsion Conference, Seattle, WA, July 6 - 9, AIAA - 97 - 2767, American Institute of Aeronautics and Astronautics, Washington, D. C.

[89] Zubrin, R., Frankie, B., and Kito, T. (1998) "Report on the construction and operation of a Mars in situ propellant production unit utilizing the reverse water gas shift," 34th AIAA/ASEE Joint Propulsion Conference, July 13 - 15, Cleveland, OH, AIAA - 98 - 3303, American

Institute of Aeronautics and Astronautics, Washington, D. C.

[90] Zubrin, R. M. and D. B. Weaver (1993) Practical Methods for Near - Term Piloted Mars Mission, AIAA - 93 - 20898, American Institute of Aeronautics and Astronautics, Washington, D. C.

[91] Zubrin, R. , S. Price, L. Mason, and L. Clark (1994) "Report on the construction and operation of a Mars in - situ propellant production plant," 30th AIAA/ASME Joint Propulsion Conference, Indianapolis, IN, June, AIAA - 94 - 2844, American Institute of Aeronautics and Astronautics, Washington, D. C.

[92] Zubrin, R. , S. Price, L. Mason, and L. Clark (1995) Mars Sample Return with In - Situ Resource Utilization: An End to End Demonstration of a Full Scale Mars In - Situ Propellant Production Unit, NASA Contract No. NAS 9 - 19145, NASA, Washington, D. C. (presented to NASA on January 13, 1995) .

译后记

将人类送入太空及月球以远的地外天体，一直是各国航天人的梦想，激励着一代又一代航天人为之奋斗。美国私营航天 SPACEX 公司马斯克（MUSK）的演讲“让人类成为多星球的物种”完美地诠释了世界各国航天人的梦想与情怀，然而如何才能让梦想照进现实呢？这不仅需要大胆地想象，更需要小心翼翼地科学求证。

从 2012 年起，在中国空间技术研究院戚发轫院士前瞻性思想的指导下，课题组瞄准载人深空探测领域的前沿基础技术，陆续开展了《载人航天后续发展技术路线图研究》《可重复使用载人月球着陆器概念研究》《人机联合月面作业技术研究》《载人火星探测飞行模式研究》《基于月壤钛铁矿的氧气提取技术及制造设备研究》《可用于深空探测任务的微小卫星技术研究》等课题的基础研究工作。通过多年的分析研究，课题组对载人月球和火星等深空探测任务有了深刻地认识和理解。首先，载人深空探测任务系统复杂、质量规模大、任务周期长，可靠性安全性要求高；第二，载人深空探测涉及重型运载火箭、载人运载火箭、载人飞船、货运飞船、月球/火星载人着陆器、月球/火星货运着陆器、空间推进飞行器、深空居住舱、月球/火星基地、月球/火星车、月球/火星机器人、登月/火舱外服等多种多个飞行器和重要设备，涉及关键技术众多、技术难度大；第三，载人深空探测任务的研制周期长、经济规模大、研制风险高，因此单个国家单独实施的决心难下，故而自 20 世纪 60 年代美苏争霸开始，到 70 年代，美国成功实施了阿波罗载人登月工程之后，再也没有人类登陆过地外天体。进入 21 世纪以来，虽然航天界重返月球、登陆火星的呼声日益高涨，但是美俄等世界航天强国在制定载人深空探测战略规划时，都呈现出一种摇摆不定的局面，任务目标也在不断地调整和改变，这其中一个重要的原因就是经济效益和任务成本的问题，导致各国政府决心难下。那么究竟有没有一种前瞻性、颠覆性技术能够显著降低载人深空探测任务成本呢？因此，课题组把注意力转向了原位资源利用（ISRU）技术，希望通过对这项前瞻性技术的跟踪研究，能给载人深空探测工程的论证及未来的工程实践带来新思想、新路径。

唐纳德·拉普（Donald Rapp）博士是美国喷气推进实验室（JPL）的首席科学家，在过去的数十年里，他领导了美国 JPL 实验室的 ISRU 的实验和分析工作，并将研究成果整理出版成此书。本书主要介绍了 ISRU 的价值、火星 ISRU、月球 ISRU，以及 NASA 的 ISRU 的分析成果及经验总结，并在附录中介绍了针对月球和火星任务的具体设计案例和分析结果。这本书的特点就是不断地提出问题，分析问题，否定问题，再提出问题，再思考。通过对 ISRU 各种途径的探索研究，不断地修正科学家们对 ISRU 的理解。这些宝贵的经验对中国科研人员理解和认识 ISRU，合理分析和规划载人深空探测任务具有重要的借鉴意义。但是书中的结论和部分观点受限于案例设计的约束条件，未见得正确，需要批判性地借鉴和吸收。

本书的结论和建议部分中指出原位资源利用技术的最合适的任务目标是火星，同时应把机器人探测任务和载人探测任务整合成一个整体来考虑所需发展的能力。这个观点非常务实，从对地外星球的资源探测和开发利用的角度来看，先期对地外星球资源的探测、钻取、采样、评估非常重要，目的是寻找到适合人类居住的基地位置，随后在基地附近开始派遣机器人进行工程作业，提取水资源，制备水及呼吸用的空气并进行贮存，这对于人类的长期生命保障非常重要，此外如果能够利用火星大气中的甲烷制备出火星着陆器上升级的推进剂，这不仅对缩小载人火星探测器的规模有重要意义，而且对人类以后飞往更遥远的太阳系的途中，在其他星体上制备推进剂并进行推进剂补加，进行先期的技术验证至关重要。如果本世纪内人类能够征服火星，那么我们就更有理由相信今后人类必将走得更远。

2018 年年初，特朗普政府重新调整了航天战略，宣布美国将重返月球并将在 2030 年前后登陆火星；2018 年 2 月，世界上采矿领域研究实力最强的机构之一美国科罗拉多矿业学院，开设了一门新专业：太空采矿专业，聚焦在太空资源以及原位利用技术领域，从理论研究开始转向实际应用，目标瞄准月球、火星及小行星等，这一系列的变化都说明做为 21 世纪深空探测领域最具颠覆性意义的原位资源利用技术，已经在各种质疑和嘲讽声中，逐步走向现实，我们有理由相信就像美国 Space X 公司研发重复使用的猎鹰 9 火箭一样，持之以恒的探索，大胆努力地实践，原位资源利用技术让人刮目相看的那天迟早会到来，这也是本课题组对此始终充满信心的重要原因。

本书由中国空间技术研究院的果琳丽博士负责组织策划，中国航天科技集团有限公司航天系统发展研究中心的郭世亮研究员、石玥博士，中国空间技术研究院的李民高工、张志贤博士、李志杰博士、齐玢博士、奉振球博士和王羽白工程师，北京交通大学的黄铁球副教授等同志利用业余时间，克服各种困难共同完成了翻译和校对工作。其中李民负责原序和作者介绍的翻译，王羽白和黄铁球负责第 1 章的翻译，张志贤、齐玢和奉振球负责第 2 章的翻译，李志杰和郭世亮负责第 3 章的翻译，张志贤和果琳丽负责第 4 章的翻译，李志杰负责附录的翻译，全书由石玥、李民负责一校，黄铁球、果琳丽负责二校，果琳丽负责全书的合稿及定稿工作。本书最终得以翻译并付梓出版，感谢戚发轫院士的前瞻思维及具体工作上的指导，感谢中国空间技术研究院的李明副院长、院办王作为主任、发展计划部宋海丰部长、载人航天总体部的龙江部长、曾曜书记、张柏楠总师、杨雷总师，感谢航天东方红卫星有限公司李向阳总经理、白照广总师、赵志明总师和傅丹膺总师工作上给予的方便，更感谢课题组全体成员的辛苦付出，感谢中国宇航出版社的大力支持和帮助。本书从翻译到出版历时两年，在此对所有帮助过我们的人们一并表示衷心的感谢！

由于ISRU技术新，涉及行星物理化学、地质学、矿物学、采矿学、材料学、遥感学、机器人学及航空航天工程学等多个学科，本书的翻译尽量忠实于原著，翻译中已将原文中的文图错误一并改正，但鉴于年轻的译者们专业水平和外语水平有限，存在的不当和错误之处在所难免，敬请读者批评指正！

译者

2018年3月